ZUKAI UNTEN TECHNIC-KONO
TORINI YAREBA KANARAZU JOTATSU SURU
by Shigeru Chikata, Rumiko Gojoh, Junko Kawasaki

Copyright ⓒ 2003 Rumiko Gojoh, Junko Kawasaki All rights reserved.
Original Japanese edition published by Nippon Jitsugyo Publishing Co.,Ltd.
Korean translation copyright ⓒ 2016 by BONUS Publishing Co.
This Korean edition published by arrangement with Nippon Jitsugyo Publishing Co.,Ltd., Tokyo,
through Honnokizuna, Inc., Tokyo, and BC Agency

이 책의 한국어판 저작권은 BC 에이전시를 통한 저작권자와의 독점 계약으로 보누스출판사에 있습니다.
저작권법에 의해 보호를 받는 저작물이므로 무단전재와 무단복제를 금합니다.

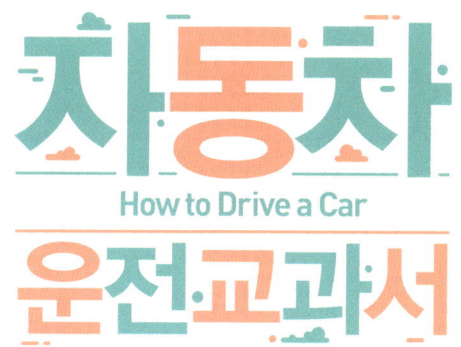

자동차 운전교과서
How to Drive a Car

도로에서 절대 기죽지 않는
초보 운전자를 위한 안전·방어 운전술

가와사키 준코 지음 | **고조 루미코** 그림 | **주재홍·하성수** 감수

보누스

일러두기
- 이 책에서 소개하는 '미러에 비치는 모습'이나 '창문에서 보이는 모습' 등은 어디까지나 참고이며 모든 차종에 해당하지 않습니다.
- 차종에 따라 많이 다르므로 본인 차의 취급 설명서를 보거나 불명확한 점은 차량 매장이나 해당 회사로 문의하기 바랍니다.

차례

운전이 두려운 이유는? _ 10

자동차 외관의 명칭을 알아봅시다 _ 12

자동차 내부 명칭과 기능을 알아봅시다 _ 14

자동차가 움직이는 구조 _ 16

올바른 운전을 위한 기본자세 _ 18

미러를 조정하는 방법 _ 20

변속 레버 조작의 기본 _ 21

핸들 조작의 기본 _ 22

브레이크 사용의 기본 _ 23

운전하기 전에 살펴야 할 사항 _ 24

하차하기 전에 해야 할 일 _ 25

차량의 크기나 간격을 확인하자 _ 26

1장 자신의 '약점'을 깔끔히 해결하자!

평행 주차가 어려운데, 쉽게 해결할 방법은 없을까요? _ 28

벽이나 연석에 바짝 붙일 때 무엇에 주의해야 하나요? _ 32

주차가 너무 어려운데, 주의해야 할 점은 뭔가요? _ 36

'핸들링'을 하다 보면 뭐가 정신이 하나도 없어요 _ 44

좁은 길에서 마주 오는 차를 긁을까 봐 두려워요 _ 48

노상 주차 차량이 있는 좁은 도로는 통과할 수 있는지 어떻게 판단하나요? _ 52

막다른 길을 만났을 때 후진하는 요령을 알려주세요 _ 54

Drive Talk 공터에서 연습하기 _ 56

2장　운전 시 "이럴 때는 어떻게 하죠?"

교차로에 갇힐까 봐 불안한데, 통과할 수 있는지 어떻게 판단하나요? _ 58

교차로에서 좌회전 대기 중인데 뒤 차가 신경 쓰일 때 진행할 수 있는지 어떻게 판단하죠? _ 60

교차로에서 우회전할 때 요령이나 주의점을 알려주세요 _ 62

신호 없는 교차로에서 자꾸 깜짝 놀라는데 뭘 주의해야 할까요? _ 64

교통 흐름이 빠른 도로에서 차로 변경을 잘하는 요령을 알려주세요 _ 66

교통량이 많은 큰 도로로 진입할 때 타이밍 맞추기가 어려워요 _ 68

적절한 차간거리가 어느 정도인지 아직 감이 안 와요 _ 70

표지판이 여러 개 있으면 뭘 봐야 할지 헷갈려요 _ 72

보행자나 자전거는 주로 어디서 조심해야 할까요? _ 74

비 오는 날 운전할 때 주의해야 할 점은 뭔가요? _ 76

야간 운전이 두려운데 무엇을 조심해야 할까요? _ 78

비 오는 밤은 비 오는 낮이나 맑은 밤과 어떻게 다른가요? _ 80

눈 오는 날이나 도로에 눈이 쌓였을 때 미끄러질까 봐 걱정스러워요 _ 82

안개 낀 날은 주변이 안 보여 무서워요 _ 84

산간 도로 등의 커브길에서 안전하게 운전하는 방법을 알려주세요 _ 86

Drive Talk 오른쪽 핸들 차량은 불편하다? _ 88

3장　실천! 드라이브 갑시다

Lesson 1 집 근처 도로에서 연습하기 _ 90

Lesson 2 충분히 준비해서 멀리까지 나가보자 _ 92

Lesson 3 지도로 정보 파악하기 _ 94

자동차 내비게이션의 진화 _ 96

Drive Talk '좀 봐줘요'라고 요청 받으면 무엇을 봐야 하나? _ 98

4장 각종 시설 이용법을 알아보자!

주유소에 가면 뭘 어떻게 해야 하나요? _ 100

셀프 주유소는 주유량을 어떻게 조절하는지 몰라 불안해요 _ 102

주차하기가 어려운데 주차장 유형별 장단점을 알려주세요 _ 104

입체 주차장 이용은 통로가 좁고 빈자리가 없을까 봐 망설여져요 _ 106

길가에 있는 주차장은 어떻게 이용해요? _ 108

기계식 주차장에서 운전자는 무엇을 어떻게 해야 하나요? _ 110

셀프 세차장 이용 순서를 알려주세요 _ 112

Drive Talk 고급 휘발유는 뭐가 좋을까요? _ 114

5장 고속도로 주행, 이것만큼은 알아두자!

고속도로로 진입할 때는 항상 두려워요 _ 116

초보자는 항상 주행 차로에서만 달리면 될까요? _ 118

고속도로에서 대형차 사이를 달린 적이 있는데 너무 무서웠어요 _ 120

고속도로 주행 중에 핸들이 흔들려 무서워요 _ 122

고속도로를 달리다가 도로 표지판을 놓칠까 불안해요 _ 124

정체 여부를 어떻게 알 수 있을까요? _ 126

고속도로 요금소에서 실수할까 봐 불안한데 어떡하죠? _ 128

고속도로 출구를 잘 찾으려면 어떻게 해야 하나요? _ 130

아이를 태우고 고속도로를 주행할 때 무엇을 주의해야 할까요? _ 132

Drive Talk 도로의 종류가 많아서 헷갈린다고요? _ 134

6장　문제 발생 시 대처법을 알려주세요

노상에서 엔진이 멈춰 시동이 걸리지 않으면 어떡해요?_ 136

차 열쇠를 두고 내렸는데 문이 잠겼어요_ 138

주유소가 없는 곳에서 연료가 바닥이 났어요_ 140

타이어 교체를 해본 적이 없는데 펑크 나면 어떡해요?_ 142

바퀴가 배수로에 빠졌는데 어떻게 빠져나오나요?_ 144

주행 중에 소리가 나고 수온계 수치가 높은데 어떡해요?_ 145

길을 잃었는데 여기가 어딘지 모르겠어요_ 146

접촉사고를 일으켰다면 뭘 해야 하나요?_ 148

만일 인명사고를 일으켰다면 어떡하면 될까요?_ 150

철길 건널목을 건널 때는 무엇을 주의해야 할까요?_ 152

철길 건널목에 차가 멈춰 섰다면 어떡하면 될까요?_ 154

차가 바다나 강에 빠졌다면 어떻게 탈출하나요?_ 156

비 오는 날 고속도로에 나가면 정말로 핸들 조작이 쉽지 않나요?_ 158

잠시 자리 비운 사이에 차가 없어졌다면, 견인된 건가요?_ 160

차량 도난 방지를 위해서 무엇을 해야 할까요?_ 162

속도위반으로 잡혔을 때 어디로 가서 뭘 해야 하나요?_ 164

Drive Talk 도로교통사고감정사를 알아보자_ 166

7장 남들에게 물어보기 민망한 기초 지식

'운전 전에 점검해라'라고 하는데 무엇을 어떻게 해야 하나요? _ 168

에어컨을 효과적으로 사용하고 싶어요 _ 170

와이퍼 점검법을 알려주세요 _ 172

타이어 종류가 너무 많은데 어떻게 선택하면 될까요? _ 174

잭 사용법과 타이어 교체법을 알려주세요 _ 176

차에 항상 구비해둬야 할 물건이 있다면 뭔가요? _ 178

차에 생긴 작은 흠집은 어떻게 하면 되나요? _ 180

가끔 에어백이 터질까 봐 불안한데 어때요? _ 182

누가 차를 장난으로 긁을까 봐 불안한데 어떡하죠? _ 183

교차로에서 긴급차량이 접근해온다면 어떻게 해야 하나요? _ 184

비상등은 언제 사용하나요? _ 186

좌회전 대기 중에 마주 오는 차량이 헤드라이트를 켰는데 계속 진행해도 되나요? _ 188

자동차 종류가 많은데 각각의 특징을 알려주세요 _ 190

자동차 세금을 알려주세요 _ 192

자동차 검사는 반드시 받아야 하나요? _ 195

자동차 보험의 종류가 너무 많아서 잘 모르겠어요 _ 196

종합 보험 종류가 많은데 저렴한 상품에 가입하면 무슨 문제라도 있나요? _ 198

벌점의 종류와 가산된 벌점을 줄이는 방법은 뭔가요? _ 200

면허를 잃어버렸는데 어떻게 해야 하나요? _ 204

운전이 두려운 이유는?

운전은 하고 싶은데 왠지 두려워 좀처럼 실행에 옮기지 못하는 사람이 많습니다. 하지만 지금까지 그저 막연히 두렵다고 느껴온 문제들을 냉철하게 분석하여 각각의 대처법을 살펴보면 의외로 쉽게 해결의 실마리를 찾을 수 있습니다.

운전에 자신이 없어서 두려워요.
➡27쪽

상황 판단에 자신이 없어서 두려워요.
➡57쪽

길을 몰라서 두려워요.
➡89쪽

각종 시설을
어떻게 이용하는지 몰라서
두려워요.
➡99쪽

고속도로가 두려워요.
➡115쪽

사고에 어떻게 대응할지
자신이 없어서 두려워요.
➡135쪽

난 고속도로에서 60km/h
초과로 한 번에 면허정지.
에휴.

속도위반 20km/h
초과랑 운전 중
휴대전화 사용금지
위반 2회 합산해서
면허정지래.

아~ 아~

궁금한 게 많은데 남들에게
물어보기 민망해요.
➡167쪽

자동차 외관의 명칭을 알아봅시다

생소한 용어도 많고 운전과 직접적인 연관도 적지만 이 책의 이해를 돕기 위해 필요합니다.

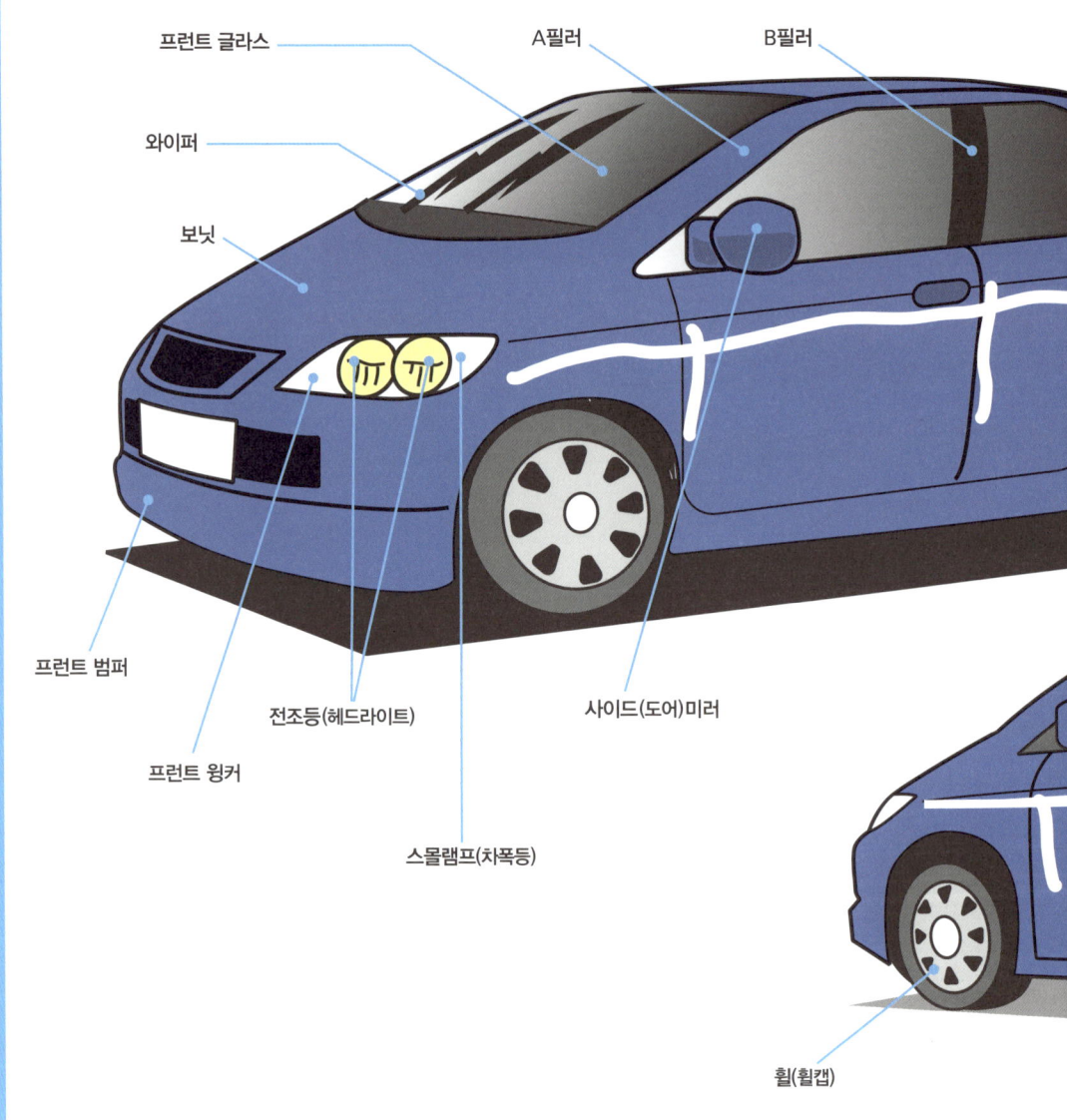

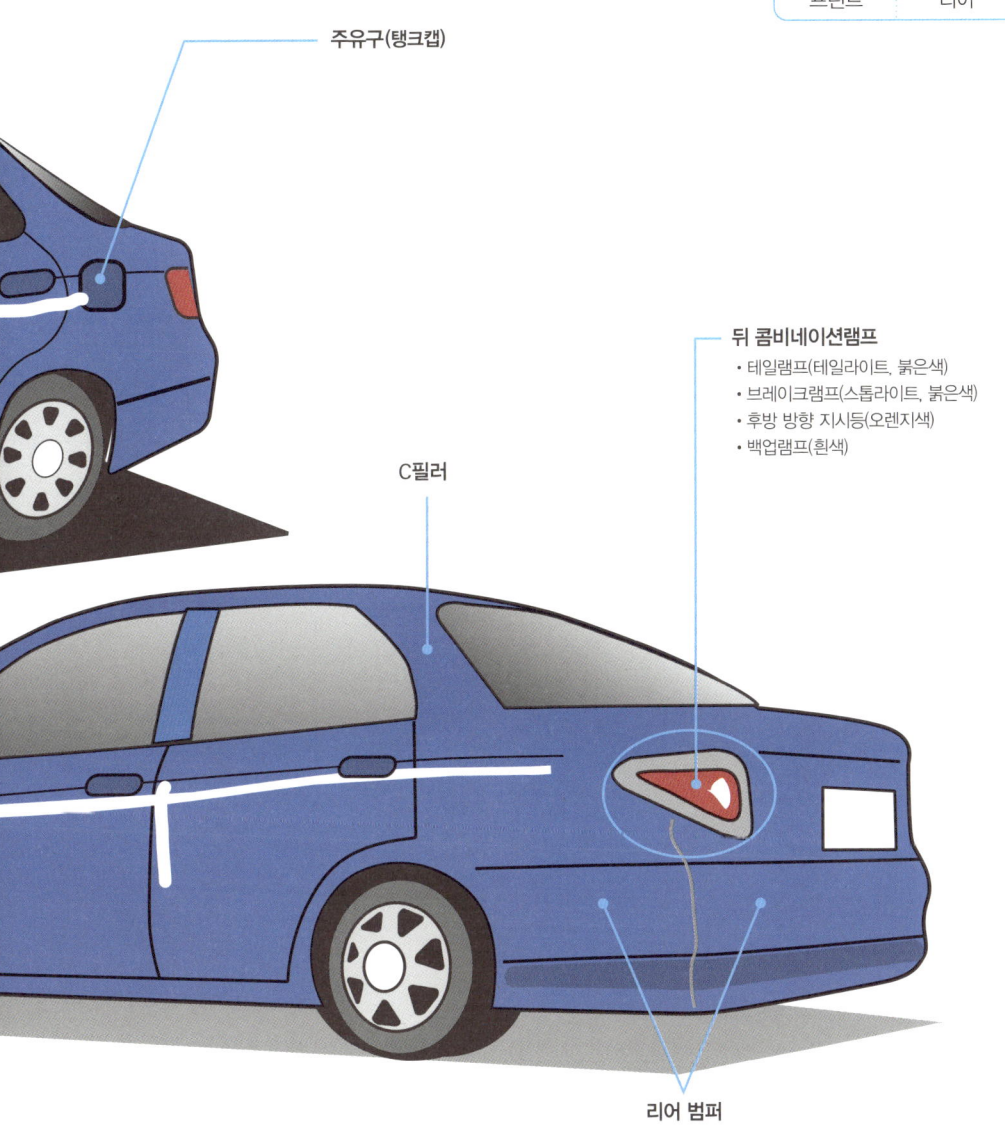

자동차 내부 명칭과 기능을 알아봅시다

운전은 하지만 차량 내부 장치의 명칭과 사용법을 정확히 모르는 사람도 많습니다.
차종에 따라서 다소 다르지만 자기 차의 취급 설명서와 함께 살펴보도록 합시다.

이런 경고등이 켜지면 주의하자

브레이크 경고등
사이드 브레이크가 걸려 있는 상태.
혹은 브레이크 계통의 고장.

충전 경고등
배터리 잔량이 적거나 충전 또는 발전
계통의 고장.

유압 경고등
엔진 오일이 부족한 상태.

도어 경고등
문이 닫히지 않은 상태.

❖ 이외에 다양한 종류의 경고등이 있으니 자동차 취급 설명서를 확인하자.

인스트루먼트 패널
운전석 앞에 있는 계기판 전체를 말한다.

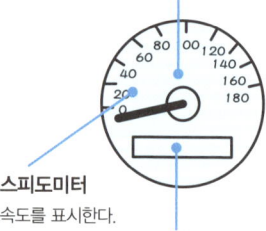

스피도미터
속도를 표시한다.

트립미터
주행거리계. 클리어 버튼을 누르면 0으로 세팅되므로 연료 주입 시 연비 계산에 활용할 수 있다.

① 연료계
연료량을 표시한다. 가득 넣을 경우 몇 리터가 들어가는지 체크하자. 계기판이 E(Empty)를 가리키더라도 다소 운행은 가능하지만 그 전에 연료를 채워 넣자.

② 수온계
냉각수의 온도를 표시한다. 미터가 상승하면 오버히터의 원인이 되므로 신속히 대처하자(145쪽 참조).

③ 주유구 오프너
주유구를 열 수 있는 버튼. 차종에 따라 위치가 다르므로 주유하기 전에 확인해두자.

④ 사이드미러 조작 레버
차종에 따라 위치가 다소 다르지만 대략 이 부근이다. 버튼을 이용하여 상하좌우로 조절할 수 있다.

⑤ 도어록
문 잠금 장치다. 운전석에서 모든 문을 잠그고 열 수 있다.

⑥ 윈도 조작 레버
창문을 열고 닫을 수 있다. 운전석에서 모든 창문을 조작할 수 있다.

⑦ 보닛 오프너
보닛을 열 수 있는 버튼이다.

⑧ 리어 윈도록
뒷좌석에 있는 창문을 조작하는 레버를 잠그는 버튼이다.

⑨ 타코미터
엔진의 회전수를 표시한다. 계기판의 눈금 1은 1,000 rpm(Rev Per Minute = 분당 회전수)이다. 수동 변속기의 경우 기어 변경 시 필요하지만 자동 변속기 차에서는 그다지 효용성이 없기 때문에 생략된 차종도 있다.

⑩ 해저드(비상등 스위치)
비상등을 켜는 버튼이다. 차종에 따라 위치가 다르다.

⑪ 디프로스터
창문에 서리 등이 끼지 않도록 막아주는 장치. 버튼을 누르면 온풍을 보내 창문이 흐려지는 것을 억제해준다.

⑫ 시프트 레버(셀렉트 레버)

⑬ 사이드 브레이크

⑭ 오도미터(주행 기록계)
누적거리계. 트립미터와 마찬가지로 주행거리를 표시하지만 0으로 세팅할 수 없어 누적된 주행거리를 알 수 있다.

⑮ 와이퍼스위치

⑯ 라이팅스위치

⑰ 풋레스트
안정적인 운전 자세를 위해 왼쪽 다리를 올리는 받침대다. 왼쪽 다리를 여기에 올려두면 운전하기 편하다.

⑱ 브레이크

⑲ 액셀러레이터

⑳ 트렁크 오프너
트렁크를 열 수 있는 버튼이다.

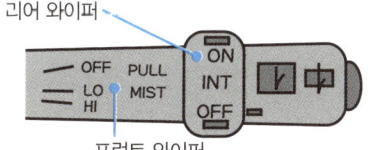

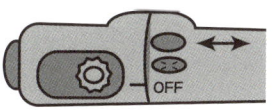

와이퍼 스위치
와이퍼를 작동시키는 스위치. 돌려서 단계별로 속도를 조절한다. 뒤 와이퍼가 있는 차종은 앞 와이퍼와 뒤 와이퍼의 스위치가 각각 별도로 있다. 레버 끝의 버튼을 누르면 윈도 워셔액이 분출된다.

라이팅 스위치 레버
윙커의 각종 램프를 켜고 끈다. 1단계로 돌리면 스몰램프가 켜져 미터류의 조명도 조작할 수 있다. 다시 한 번 더 돌리면 헤드라이트가 켜진다. 레버를 밀면 상향등이 켜지고 앞으로 당기면 꺼진다.

자동차가 움직이는 구조

운전할 때 어려운 이론은 필요 없지만 기초 지식을 조금이라도 알고 있다면 여러 상황에 대처하는 데 도움이 됩니다. 여기서 설명하는 장치가 어떻게 작동하는지 정도는 알아둡시다.

라디에이터
다량의 공기를 공급하여 냉각수를 식혀준다.

연료 공급 장치
휘발유를 기화시키고 공기와 혼합하여 연소를 도와준다. 카뷰레터 또는 인젝션이라고 한다.

엔진
휘발유를 연소하여 회전운동을 한다. 아래에 있는 상세 내용을 참조한다.

트랜스미션
저속 기어에서 고속 기어로(혹은 반대로) 기어를 전환해주는 변속장치. 이것을 수동으로 조작하면 매뉴얼 트랜스미션 자동차(또는 매뉴얼차, MT차)다. 자동으로 변속되는 자동차는 오토매틱 트랜스미션 자동차(또는 오토차라고 불린다. 이 책에서는 이하 AT차라고 표기)라고 한다.

엔진이 움직이는 구조

① 에어 클리너에서 흡입된 공기와 휘발유의 혼합 가스가 실린더로 보내지면 그것이 연소하여 피스톤 운동이 일어나고 크랭크 샤프트가 회전한다.
② 트랜스 미션에서 엔진과 바퀴의 회전수 비율을 변경해 회전력을 조정한다.
③ 회전력이 프로펠러 샤프트로 전달되고 파이널 기어(디퍼렌셜 기어)가 회전 방향을 바꾸어 타이어를 움직인다.

프로펠러 샤프트
트랜스미션에서 전달된 회전을 구동바퀴로 연결해주는 장치. 프로펠러 샤프트의 회전은 좌우 타이어의 회전수를 조정하는 '디퍼렌셜 기어'와 '드라이브 샤프트'를 거쳐 타이어로 전달된다.

연료 탱크

머플러

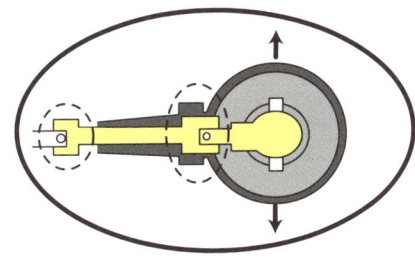

유니버설 조인트
뒷바퀴가 흔들려도 동력을 부드럽게 전달한다.

촉매 변환기
엔진에서 발생하는 가스를 정화하는 장치다.

에어 클리너
엔진 내부로 유입되는 공기를 여과하여 이물질을 걸러주는 장치. 에어 엘리미네이터 또는 에어 필터라고도 한다.

엔진의 위치와 구동 방식에 따른 자동차의 종류

FF차
전륜구동차. 'Front Engine, Front Wheel Drive'의 약자. 엔진이 앞에 있고 앞바퀴가 구동한다. 단순한 구조이기 때문에 넓은 공간을 확보할 수 있다.

FR차
후륜구동차. 'Front Engine, Rear Wheel Drive'의 약자. 엔진이 앞에 있고 뒷바퀴가 구동한다. 프로펠러 샤프트가 자동차를 가로지르기 때문에 실내가 좁지만 FF차보다 작은 각도로 회전할 수 있다.

MR차
'Mid Engine, Rear Wheel Drive'의 약자. 엔진이 차체 중앙에 있고 뒷바퀴가 구동한다. 중심이 중앙에 있어 안정적인 코너링을 자랑한다. 스포츠카에 많이 적용된다.

4WD차
사륜구동차. '4 Wheel Drive'의 약자. 엔진이 앞에 있고 모든 바퀴가 구동한다. 잘 미끄러지지 않고 험한 길에 강하다. 오프로드 자동차 이미지가 강하지만 일부 온로드 자동차에도 사용된다.

올바른 운전을 위한 기본자세

올바른 운전 자세를 배워봅시다. 부드러운 조작은 물론 사고 방지가 가능하고 만일의 사고에도 충격을 최소화할 수 있습니다.

기본자세

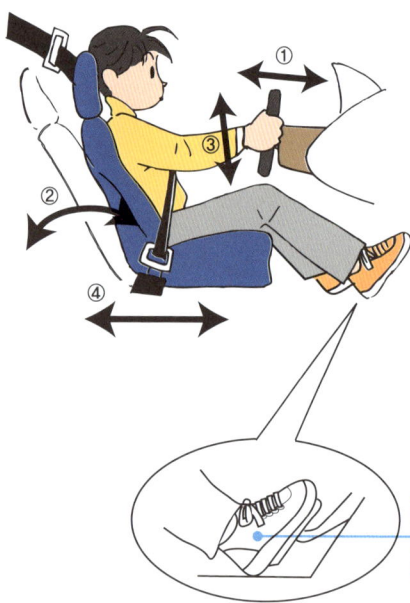

① **핸들의 높이**
핸들 높이를 조정할 수 있는 차량도 있다. 편안한 위치에 맞춘다.

② **시트의 등받이와 머리받이**
머리, 허리, 등은 등받이에 밀착한다.

③ **시트의 높이**
전방과 후방이 잘 보이게 조절한다.

④ **시트의 앞뒤 위치**
핸들에 손을 가볍게 올린다는 기분으로 팔을 조금 구부린다. 무릎은 브레이크 페달을 끝까지 밟아도 다 펴지지 않을 정도가 좋다.

오른발 발뒤꿈치는 바닥에 붙이고 발목과 발가락 끝으로 조작한다. 왼발은 풋레스트에 올려놓는다.

앞으로 쏠리면 몸 전체에 힘이 들어가 긴급한 순간에 재빠르게 대응할 수 없다.

시트가 너무 낮으면 시야가 나쁘다.

뒤로 너무 젖히면 어깨 피로가 빨리 오고 긴급 상황에 대처하기 어렵다.

안전띠의 착용 방법

벨트가 꼬이지 않도록 올바르게 맨다.

목에 걸치면 위험하므로 안전띠 버클 부분을 조정해 목에 걸리지 않게 한다.

벨트가 배 위에 있으면 사고가 발생했을 때 내장 파열 등의 위험이 있다. 허리에 맞추도록 하자.

운전 중 금지 사항

팔이나 팔꿈치를 창밖으로 내밀면 접촉사고 등으로 큰 부상을 입을 수 있다.

운전 중 휴대전화 사용은 사고의 원인이 되며 도로교통법 위반이다. 두 손이 자유롭더라도 운전 중 통화는 주의력을 떨어트리므로 조심해야 한다.

❖ '도로교통법' 제49조(모든 운전자의 준수사항 등)에 따르면 운전자는 자동차 운전 중에 휴대용 전화(자동차용 전화를 포함)를 사용해서는 안 되며, 동영상 시청도 금지되어 있다. 만약 이를 위반하면 승용차의 경우 범칙금 6만 원과 벌점 15점이 부과된다.

미러를 조정하는 방법

직접 보이지 않는 영역을 확인하기 위해서 미러를 올바르게 조정해야 합니다.
한 번 맞췄다고 끝이 아니라 승차할 때마다 체크해야 합니다.

룸미러

틀어져 있으면 후방을 정확히 확인할 수 없다.   미러에 뒤 창문이 충분히 보이도록 조정한다.

사이드미러 (왼쪽)

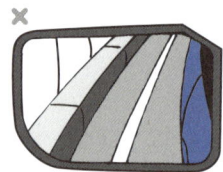 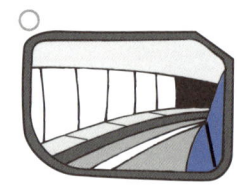

아래쪽을 향하게 조정하면 뒤 차량이 보이지 않는다. 옆으로 바짝 붙여 주차할 때는 조금 아래쪽을 향하게 하고 자기 차의 타이어가 보이게 조정한다. 상황에 따라 각도를 바꾸는 게 좋다.

왼쪽 뒤 차량이나 오토바이 등이 잘 보이도록 한다. 오른쪽 사이드미러와 마찬가지로 지면이 절반 정도 보이게 조정하고 차체도 살짝 보이도록 한다.

사이드미러 (오른쪽)

위쪽이 더 많이 보이게 조정하면 뒤 차량이 잘 보이지 않는다.

오른쪽 뒤 차량의 움직임이 잘 보이도록 조정한다. 아래쪽은 절반보다 조금 더 지면이 보이도록 조정하고 차체도 살짝 보이는 정도가 좋다.

미러에 비치는 범위를 벗어난 곳도 있다. 이곳을 사각지대라고 한다. 어디가 사각지대인지 파악해두고 필요할 경우 몸을 움직이거나 고개를 돌려 직접 확인해야 한다.

육안으로 보이는 범위

사이드미러나 룸미러로 보이는 범위

변속 레버 조작의 기본

AT차의 기어 변속은 그다지 어렵지 않습니다. 기본적으로 주행 시 변속 기어는 D레인지에만 두면 됩니다. 단, 긴 내리막길에서는 기어 선택에 주의해야 합니다.

일반적인 시프트 레버

매뉴얼 느낌의 게이트식 시프트 레버
각기 위치가 다른 홈에 기어를 집어넣는 형식이라 실수를 방지할 수 있다.

인패널식 시프트 레버
센터 패널에 시프트 레버가 위치하는 형식. 좌석 부근을 깔끔하게 설계할 수 있다.

파킹(Parking/주차)
P레인지. 기어가 잠긴 상태다. 주차할 때나 시동을 걸 때 사용한다. 시동은 브레이크 페달을 밟고 건다.

리버스(Reverse/후진)
R레인지. 후진할 때 사용한다. 잘못된 조작을 방지하기 위해 P레인지나 N레인지에서 R레인지로 바꿀 때는 레버의 잠금 해제 버튼을 눌러야 한다.

뉴트럴(Neutral/중립)
N레인지. 일시적으로 정지할 때 사용한다. 엔진 브레이크가 걸리지 않기 때문에 주행 중에는 사용하지 않는다. 차체를 밀면 움직이기 때문에 필요 시 사용한다.

드라이브(Drive/주행)
D레인지. 운전할 때 사용한다. 엔진 회전수나 엑셀워크에 따라 자동으로 변속이 이루어진다.

세컨드(Second/2단)
2레인지(S레인지). 2단 이하의 시프트로 고정된다. 내리막길에서 엔진 브레이크를 걸 때 사용한다.

로우(Low/저단)
L레인지. 1단으로 고정된다. 저속에서 세컨드보다 힘이 필요할 때 사용한다. 엔진 브레이크가 가장 잘 걸린다.

OD(Over Drive/오버 드라이브)
OD 기능을 고속 주행에 사용하면 연비가 좋아진다. 내리막길에서 엔진 브레이크를 걸고 싶다면 OD를 끄자.

P레인지와 N레인지 이외의 레인지에서 브레이크를 해제하면 서서히 전진하는 '클리프'(creep) 현상이 일어난다. 그렇기 때문에 시동을 걸거나 'P→D' 'D→P'로 기어 변속할 때는 먼저 브레이크 페달을 밟고서 진행한다.

엔진 브레이크란 브레이크를 밟지 않고 기어를 저단으로 변속하여 속도를 줄이는 방법을 말한다. 내리막길에서는 풋 브레이크에만 의존하지 말고 엔진 브레이크도 함께 활용하는 게 좋다 (86쪽 참조).

핸들 조작의 기본

핸들 조작은 간단하다고 생각하기 쉽지만 잘못된 버릇이 생기면 좀처럼 고치기 힘듭니다.
큰 커브길에서도 부드럽게 조작할 수 있도록 연습합시다.

핸들 쥐는 법

기본형(9시 15분)
예전에는 '10시 10분' 방향을 추천했지만 최근에는 각종 조작 스위치의 위치도 고려하여 '9시 15분' 방향을 잡는 것이 기본이다. 자유자재로 움직일 수 있도록 손등이 보이게 쥔다. 너무 꽉 움켜쥐지 않도록 한다.

핸들 돌리는 법

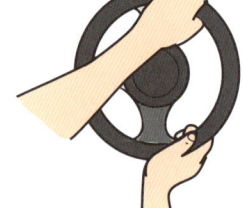

다소 각도가 있는 커브길인 경우
45도 이상의 오른쪽 커브길일 때는 오른손으로 핸들을 당기듯이 돌리고 왼손은 거드는 정도가 좋다. 여기서 그대로 머물거나 좀 더 방향을 돌려야 한다면 12시 방향에 있는 왼손에 힘을 줘서 핸들을 잡는다.

완만한 커브길인 경우
핸들이 30도 정도 꺾이는 완만한 커브길이라면 '9시 15분' 방향을 잡은 채 천천히 돌린다.

급한 커브길(단시간에 짧은 코너를 돌 때)

 →  →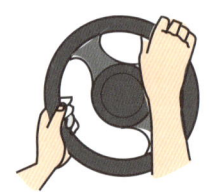

핸들을 45도 정도 꺾은 상태

좀 더 돌릴 필요가 있다면 양손을 겹친다. 6시 방향을 잡고 있는 오른손을 먼저 놓고 다시 11시 방향을 잡는다. 이때 오른손에 힘을 줘서 잡는다.

왼손을 놓고 오른손으로 핸들을 당기듯이 돌린다. 오른손이 6시 방향으로 내려오면 다시 왼손에 힘을 줘서 12시 방향을 잡는다. 더 돌려야 한다면 이 동작을 반복한다.

브레이크 사용의 기본

운전할 때 브레이크 사용법을 아는 것은 필수입니다.
정지하고 싶을 때 멈출 수 있도록 올바른 동작을 익히고 브레이크의 종류도 알아봅시다.

적절히 감속한다

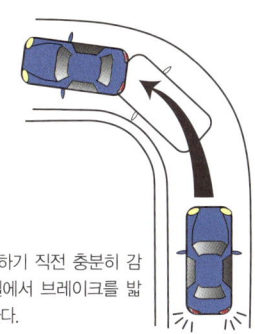

커브 직전
커브길에 진입하기 직전 충분히 감속하자. 커브길에서 브레이크를 밟는 것은 위험하다.

기본적인 발의 위치

밟기 쉽고 힘이 잘 전달되는 위치를 찾는다. 발뒤꿈치를 바닥에 대는 자세는 허리에 부담을 줄여준다. 하지만 사람에 따라 다를 수 있으니 본인에게 편한 자세를 우선시하자.

발바닥 전체로 밟으면 미끄러지기 쉽고 구두를 신었다면 굽이 걸릴 수도 있다.

발끝으로 밟으면 힘이 들어가지 않고 헛발질하기 쉽다.

펌핑 브레이크란?

펌핑 브레이크(한 번에 밟는 게 아니라 여러 번 나눠서 브레이크를 밟는다)는 뒤따르는 차량에 주의를 줄 때 사용한다. 단, 어느 정도 여유가 있을 때 사용한다.

펌핑 브레이크의 목적과 필요성

효과적인 브레이크를 위해 유압을 많이 보낼 수 있는 펌핑 브레이크가 필요했다.	현재의 브레이크 성능으로는 불필요하다.
급브레이크 시 브레이크 잠김을 해소하기 위해 펌핑 브레이크가 필요했다.	ABS가 장착된 차량은 불필요하다.
후속 차량의 추돌을 피하기 위해 브레이크 램프를 점멸할 필요가 있다.	여유가 있다면 펌핑 브레이크를 사용한다.

엔진 브레이크란?

내리막길에서 풋 브레이크를 과도하게 사용하면 브레이크가 잠긴다. 따라서 저속 기어를 사용해 가속을 제한해야 한다. 이를 엔진 브레이크라고 한다(86쪽 참조).

ABS란?

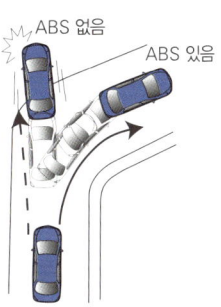

안티 록브레이크 시스템(Anti-lock Brake System)의 약자다. 급브레이크를 걸어도 잠기는 현상을 막아준다.

운전하기 전에 살펴야 할 사항

차를 출발시키기 전에 체크해야 할 사항이 있습니다.
긴장을 늦추면 사고로 이어지니 가능한 한 지키도록 합시다.

① 차 주변 확인
차 주변과 사각지대를 확인해서 사고로 이어질 만한 물건이 없는지, 아이들은 없는지 등을 체크한다.

⑤ 각종 계기판 확인
차량에 문제가 없는지 계기판을 체크한다. 연료계나 수온계, 경고등 등을 중심으로 살펴보자.

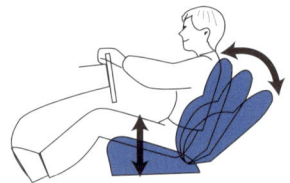

② 시트 조정
시트의 앞뒤 위치 등을 조정(조절)한다. 시야가 좋고 페달이나 핸들 조작이 편안한 위치를 잡는다.

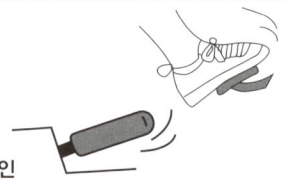

⑥ 브레이크 확인
브레이크 작동 여부를 체크한다. 밟는 느낌이나 사이드 브레이크를 당겼을 때의 감각이 평소와 다름없는지 체크한다.

③ 핸들 위치 조정
핸들 높이를 조정할 수 있는 차량도 있다. 핸들을 가볍게 쥐고 팔꿈치는 90도 정도가 좋다.

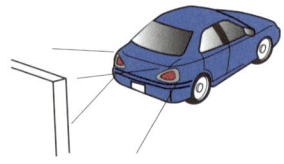

⑦ 램프 확인
브레이크램프나 테일램프가 작동하는지 체크한다. 야간이라면 벽면에 비춰보는 것으로 금세 알 수 있다.

④ 각종 미러 조정
룸미러와 사이드미러를 조정한다. 몸을 움직여 조정하면 운전할 때 다르게 보이므로 주의하자.

⑧ 안전띠 착용
마지막으로 안전띠를 착용한다.
안전띠가 목에 걸리지 않도록 주의한다.

하차하기 전에 해야 할 일

하차할 때는 정차된 위치를 잘 살핍시다.
잘못하면 정차된 차량이 사고 원인이 되기도 합니다. 물론 도난에도 주의합시다.

① 정차할 장소에 주의

주정차 금지 지역 이외에도 정차하기에 위험한 곳은 많다. 특히 경사로는 위험하므로 피하자.

사고를 유발할 수 있으니 시야가 좁은 커브나 터널 안에는 정차하지 않는다.

② 주차 시 안전 확보

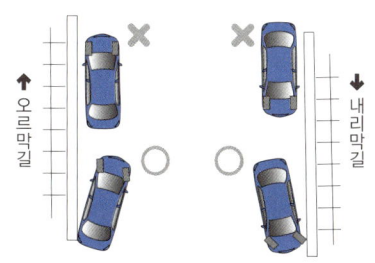

다소 경사가 있는 도로에 정차해야 한다면 차가 움직이지 않도록 앞바퀴를 기울여둔다. 오르막길의 경우 앞바퀴를 도로 안쪽으로, 내리막길의 경우 도로 바깥쪽으로 기울인다.

주차 시에는 경사지든 평지든 반드시 기어를 P레인지에 넣고 사이드 브레이크를 잠근다(추운 지역에서는 얼어붙을 수 있어 풀어두기도 한다).

③ 방범 대책을 잊지 말자

도난을 막기 위해서는 귀중품을 차내에 두지 말자. 어쩔 수 없다면 밖에서 보이지 않도록 숨겨둔다. 자동차 내비게이션 같은 고가 장비도 주의하자.

차량의 크기나 간격을 확인하자

자기 차의 폭이나 앞뒤가 얼마나 튀어나왔는지 감각적으로 알고 있으면 주차하거나 차간거리를 확보할 때 편리합니다.

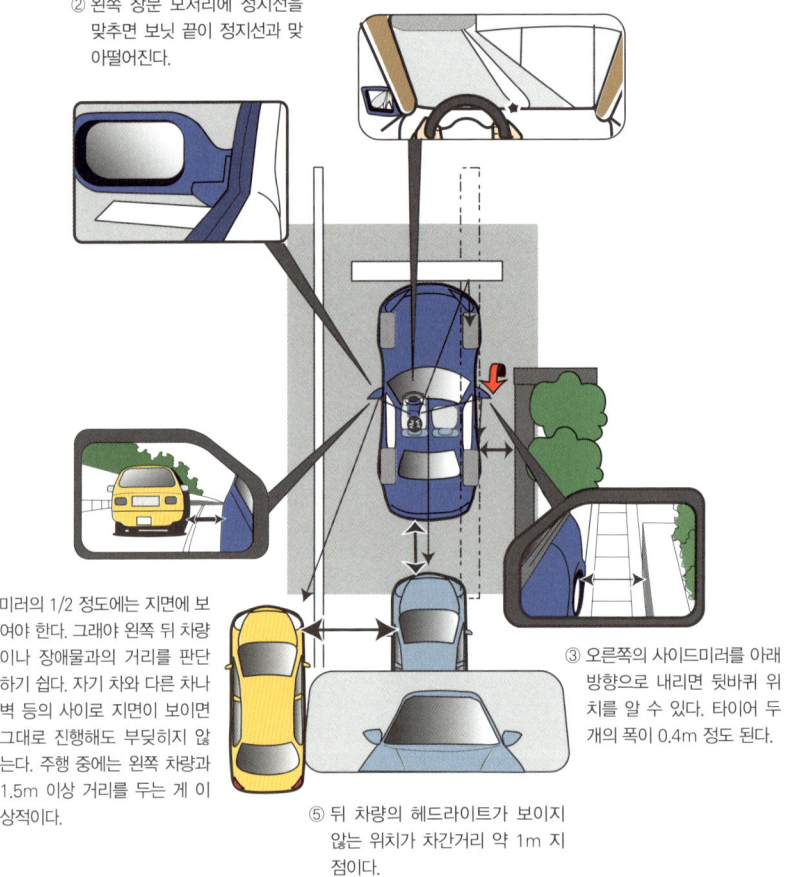

① 운전석에서 보면 앞 유리 하단 중심의 연장선상이 오른쪽 바퀴 라인의 연장선상이 된다.

② 왼쪽 창문 모서리에 정지선을 맞추면 보닛 끝이 정지선과 맞아떨어진다.

③ 오른쪽의 사이드미러를 아래 방향으로 내리면 뒷바퀴 위치를 알 수 있다. 타이어 두 개의 폭이 0.4m 정도 된다.

④ 미러의 1/2 정도에는 지면이 보여야 한다. 그래야 왼쪽 뒤 차량이나 장애물과의 거리를 판단하기 쉽다. 자기 차와 다른 차나 벽 등의 사이로 지면이 보이면 그대로 진행해도 부딪히지 않는다. 주행 중에는 왼쪽 차량과 1.5m 이상 거리를 두는 게 이상적이다.

⑤ 뒤 차량의 헤드라이트가 보이지 않는 위치가 차간거리 약 1m 지점이다.

❖ 위 그림은 어디까지나 예시에 불과합니다. 자기 차에서 어떻게 보이는지가 중요합니다.

자신의 '약점'을 깔끔히 해결하자!

초보자는 평소 아무렇지 않게 운전하다가도 차고지에 차를 넣거나 평행 주차를 할 때면 약점을 드러내는 경우가 많습니다. 하지만 주요 포인트만 잘 기억해두면 쉽게 극복할 수 있습니다. 여기서는 대표적인 상황을 몇 가지 살펴보고 해결 요령을 알아보도록 하겠습니다.

Q 평행 주차가 어려운데, 쉽게 해결할 방법은 없을까요?

A 핸들을 꺾는 타이밍과 미러를 이용하는 것이 중요합니다.

평행 주차는 초보자가 가장 어려워하는 운전 기술 중 하나입니다. 하지만 일반 국도는 물론이고 어디서든 평행 주차를 해야 할 상황이 생깁니다. 실패 사례를 잘 검토하여 성공 비결을 익혀둡시다. 먼저 평행 주차에 실패하는 경우는 크게 세 가지입니다.

①옆 차에 부딪치거나 접촉사고를 일으키는 경우
②차가 보도에 올라서거나 벽에 부딪히는 경우
③접촉사고는 없지만 몇 번이고 핸들을 조작해도 결국 성공하지 못하는 경우

①은 핸들을 오른쪽으로 너무 일찍 꺾기 때문입니다. 오른쪽 차량과 자기 차 운전석이 일직선이 될 때 핸들을 꺾으면 부딪히지 않습니다. 또 오른쪽으로 꺾는 타이밍이 좋아도 핸들을 왼쪽으로 풀 때 너무 일찍 돌리면 역시 옆 차와 부딪힙니다. 외륜차(42쪽 참조) 현상 때문에 차체의 전방은 크게 회전하니 주의해야 합니다.

②는 핸들을 오른쪽으로 너무 많이 꺾어서 원상복구가 늦어졌기 때문입니다. 오른쪽 창문으로 옆 차의 뒤쪽 귀퉁이가 보일 때 핸들을 왼쪽으로 꺾으면 됩니다.

③은 차체 앞쪽이 왼쪽으로 비스듬한 상태에서 주차를 시작하려 했기 때문입니다. 먼저 차체와 도로가 평행이 되도록 합시다.

실패하는 원인을 알면 성공하는 요령도 쉽게 알 수 있습니다. 이런 실패를 범하지 않도

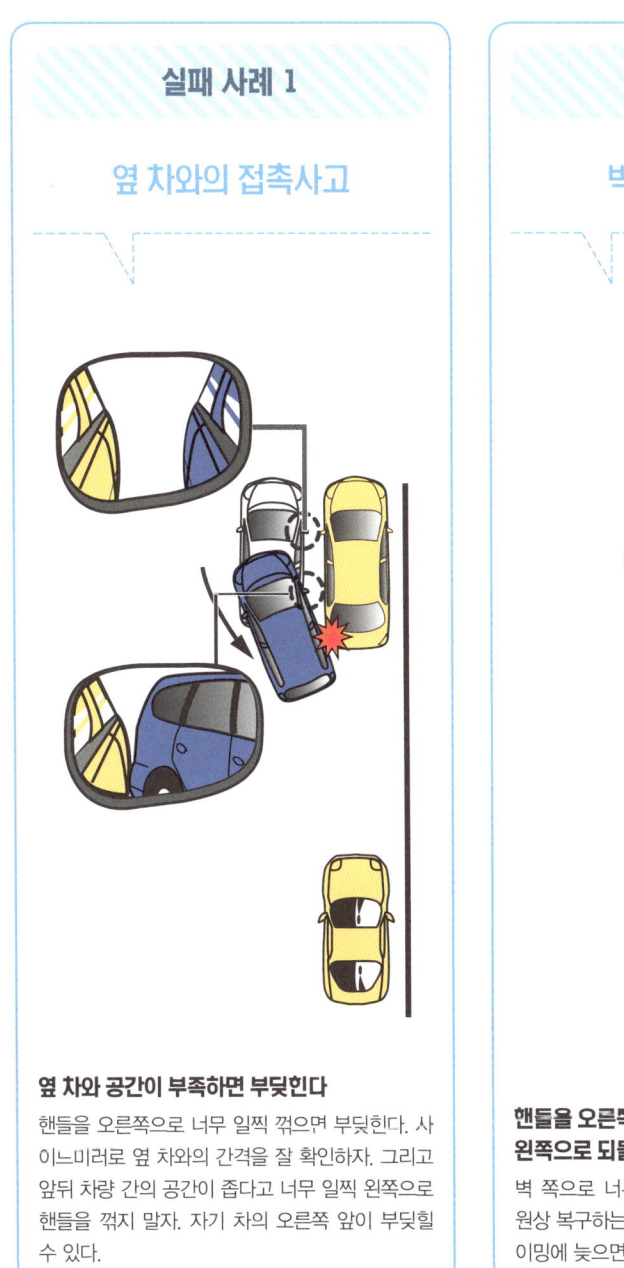

실패 사례 1
옆 차와의 접촉사고

옆 차와 공간이 부족하면 부딪힌다
핸들을 오른쪽으로 너무 일찍 꺾으며 부딪힌다. 사이드미러로 옆 차와의 간격을 잘 확인하자. 그리고 앞뒤 차량 간의 공간이 좁다고 너무 일찍 왼쪽으로 핸들을 꺾지 말자. 자기 차의 오른쪽 앞이 부딪힐 수 있다.

실패 사례 2
벽과의 접촉사고

핸들을 오른쪽으로 너무 많이 꺾으면 왼쪽으로 되돌려야 할 때 늦어진다
벽 쪽으로 너무 깊은 각도로 진입하거나, 핸들을 원상 복구하는 타이밍 혹은 왼쪽으로 꺾어야 할 타이밍에 늦으면 부딪힐 수 있다.

록 평행 주차를 하는 요령을 네 가지 단계로 나누어 살펴보겠습니다. 각 단계별로 다음 사항을 주의하도록 합시다.

① 물리적으로 주차가 가능한지 판단
② 옆 차와 부딪히지 않기 위해 미러를 이용
③ 핸들을 왼쪽으로 꺾는 타이밍
④ 후진을 멈출 때와 그때의 핸들 상태

사이드미러나 룸미러를 활용하여 앞의 네 가지 상황만 주의하면 문제없이 성공할 수 있습니다. 여기에 조금 더 요령을 덧붙이면, 후진할 때는 처음부터 오른쪽으로 확실히 붙을 필요가 없습니다. 오른쪽에 차의 절반 정도의 공간이 남았다면 '전진과 후진'을 반복해서 붙이면 됩니다.

아직 익숙하지 않은데 처음부터 오른쪽 끝까지 차를 붙이려고 하면 실패 사례 2처럼 길가 쪽 벽에 부딪힐 수 있기 때문에 주의해야 합니다.

STEP 1

핸들을 오른쪽으로 꺾어서 후진

주차하려는 공간 앞에 있는 차와 나란히 섰을 때 정지하고 비상등을 켠 후 후진하기 시작한다. 오른쪽 차량과 자기 차의 길이가 비슷하다면 운전석이 나란히 될 쯤에 핸들을 오른쪽으로 꺾기 시작한다.

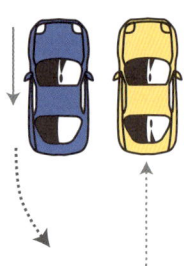

자기 차와 비교해 약 1.5배의 공간이 있으면 평행 주차를 할 수 있다. 대략의 기준으로 삼자.

STEP 2

사이드미러를 확인하고 후진

옆 차와 간격이 있다면 그대로 후진해도 부딪히지 않는다.

자기 차와 옆 차가 겹쳐 보이는데 계속 후진하면 부딪힌다.

오른쪽 사이드미러를 체크한다. 왼쪽 위 그림처럼 옆 차와 조금의 간격이라도 있다면 그대로 후진해도 부딪히지 않는다. 만약 왼쪽 아래의 그림처럼 간격이 없다면 정지하여 처음 위치로 돌아가서 다시 시작하자.

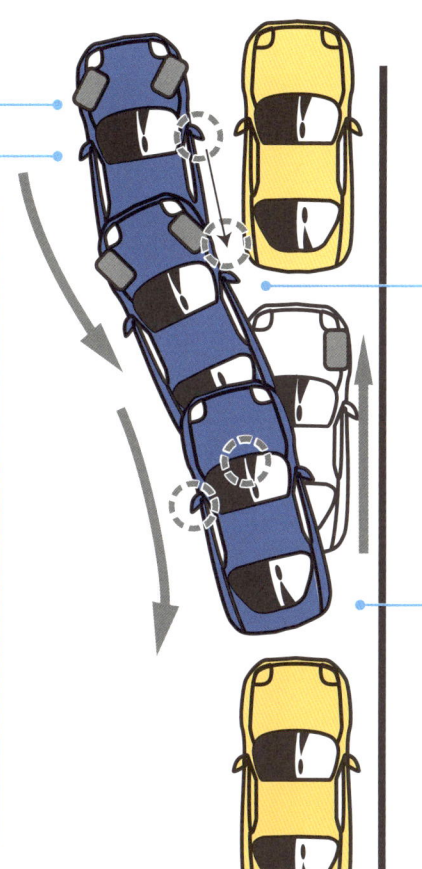

평행 주차의 순서

STEP 3

핸들을 왼쪽으로 꺾어 후진

차의 각도가 약 45도가 되었을 때 정지한다. 핸들을 원래 위치로 돌리고 자기 차의 조수석 창문을 확인하자. 옆 차의 뒤쪽 모서리가 보이면 (아래 그림) 핸들을 왼쪽으로 돌려서 후진한다.

옆 차가 그림처럼 보이면 핸들을 왼쪽으로 꺾기 시작한다. 만약 아직 이런 그림이 아니라면 핸들을 똑바로 한 채로 조금씩 후진한다.

STEP 4

후진하면서 오른쪽으로 붙인다

룸미러나 사이드미러로 뒤차와의 간격을 확인하면서 끝까지 후진한다. 이때 차체가 왼쪽으로 삐죽 나온 상태라도 앞차와의 공간이 있다면 전진과 후진을 반복하며 오른쪽으로 붙이면 된다.

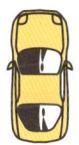

차종에 따라 다르지만 룸미러나 사이드미러로 뒤차가 그림처럼 보일 때까지는 후진해도 괜찮다. 내 차는 어떻게 보이는지 미리 체크해두자.

한 번에 깔끔히 주차하지 않아도 상관없다

차를 오른쪽 연석에 바짝 붙이고 싶거나 오른쪽 공간이 많이 남더라도 초조해하지 말고 조금씩 오른쪽으로 붙이면 된다. 다음 쪽이나 44쪽의 '핸들링'을 참고하자. 단 앞뒤 차량 간의 공간이 충분하지 않으면 주차하기 어려울 수 있다.

벽이나 연석에 바짝 붙일 때 무엇에 주의해야 하나요?

A 사이드미러를 활용하여 뒷바퀴를 살펴봅시다.

앞서 일반적인 평행 주차법을 살펴봤습니다만 차를 벽이나 연석에 바짝 붙이고자 한다면 문제가 그리 간단하지 않습니다.

상황에 따라서는 왼쪽으로 붙여야 할 경우도 있지만 여기서는 오른쪽으로 붙이는 경우만 설명하겠습니다. 왜냐하면 차를 오른쪽으로 붙여야 하는 상황이 압도적으로 많은데다 운전석의 반대쪽인 오른쪽으로 붙이는 일이 어렵기 때문입니다.

주차할 곳에 벽이나 연석 등의 장애물이 있다면 두려운 게 당연합니다. 하지만 일반적인 평행 주차를 할 때처럼 오른쪽 사이드미러를 주목하면 됩니다. 미러를 오른쪽 뒷바퀴 타이어와 차체가 보이도록 조정하는 게 포인트입니다. 주행 중이라면 보통 주변의 상황을 확인하기 위해서 위쪽이 보이게 미러를 고정해두지만 주차 시 필요하다면 적극적으로 미러를 조정하여 잘 보이는 각도를 찾아냅시다.

다만 장애물이 연석일 경우와 벽일 경우의 주차 방법이 조금 다릅니다. 연석은 타이어가 맞닿을 정도까지 붙여도 되지만 벽은 타이어가 맞닿지 않더라도 차체의 일부가 벽에 부딪힐 수 있습니다. 따라서 타이어와 벽 사이에 타이어 한 개가 더 있다고 생각하고 붙이는 게 요령입니다. 물론 사이드미러로 차체와 벽 사이의 공간을 확인하면서 움직여야 합니다.

평행 주차는 전진보다는 후진으로 하는 편이 수월합니다. 간격을 최대한 좁히거나 주차로에 맞춰 넣을 때도 마찬가지입니다. 보통 전진 주차할 때 더 잘 보이고 편할 거라 생각하지만 후진 주차할 때의 핸들 조작이 더 수월합니다.

오른쪽 뒤 타이어와 차체가 보이도록 사이드미러를 조작한다.
장애물이 벽이 아니라 연석이라면 타이어가 잘 보이게 한다.

후진하며 붙이기

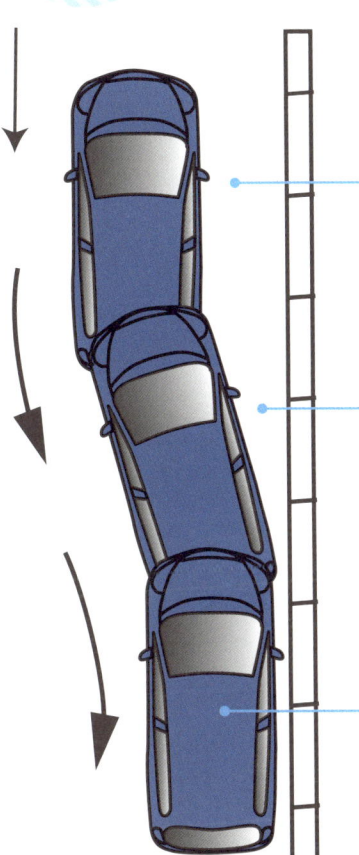

STEP 1

미러를 보면서 천천히 오른쪽으로 핸들을 꺾는다

좀 더 연석 가까이 차를 붙이고 싶다면 핸들을 오른쪽으로 돌려 천천히 후진한다.

STEP 2

차체와 연석 사이에 지면이 보이는지 확인

연석에 바짝 붙어 움직이기 때문에 타이어가 닿지 않도록 주의한다. 차체와 연석 사이에 지면이 보이면 문제 없다. 더는 지면이 안 보일 즈음에 핸들을 원래로 돌리고 조금 왼쪽으로 꺾는다.

타이어와 연석 사이에 지면이 보이지 않으면 전진하여 보이도록 조정한다. 오른쪽이 벽일 경우에는 차체가 긁히지 않도록 타이어 한 개 정도의 여유를 둘 필요가 있다.

STEP 3

차가 연석과 평행인지 확인

차와 연석 사이에 지면이 보이는지 확인하면서, 연석과 평행을 이뤘다면 핸들을 원래로 돌린다. 이런 식으로 옆으로 바짝 붙일 수 있다.

평행 주차의 기본은 후진입니다. 전진하며 주차하는 경우는 거의 없습니다. 단 '전진하면서 가능한 한 오른쪽으로 붙여야 하는 상황'은 종종 있습니다. 예를 들어 '주택가의 좁은 교차로에서 뒤따르는 긴급차량에 길을 양보해야 할 때'나 '좁은 도로나 주차장 입구에서 마주 오는 차량이 있을 때' 등입니다. 후진할 때보다 훨씬 어렵기 때문에 주의해야 합니다.

전진하면서 옆으로 붙이는 운전이 어려운 이유는 다음과 같습니다.

① 전진할 때는 핸들을 꺾어도 차체의 회전축이 뒤쪽에 있기 때문에 차의 뒷부분을 벽에 붙이기 어렵다(충분한 공간이 필요).
② 운전석에서 차체의 오른쪽 앞을 정확히 파악하기는 의외로 어렵다.

그렇기 때문에 전진하면서 옆으로 붙일 때는 '공간이 충분한 상태에서 완만한 각도로 접근'하고, '차량의 앞쪽이 벽에 부딪히지 않도록 조금 일찍 핸들을 꺾은 후 바로 핸들을 풀어 타이어가 벽과 수평'이 되게 합니다. 이 점만 주의하면 벽과 부딪히는 사고는 방지할 수 있습니다.

연습을 해서 벽과의 거리감에 익숙해지면 오른쪽으로 들어가는 각도를 조금씩 깊게 하면 됩니다.

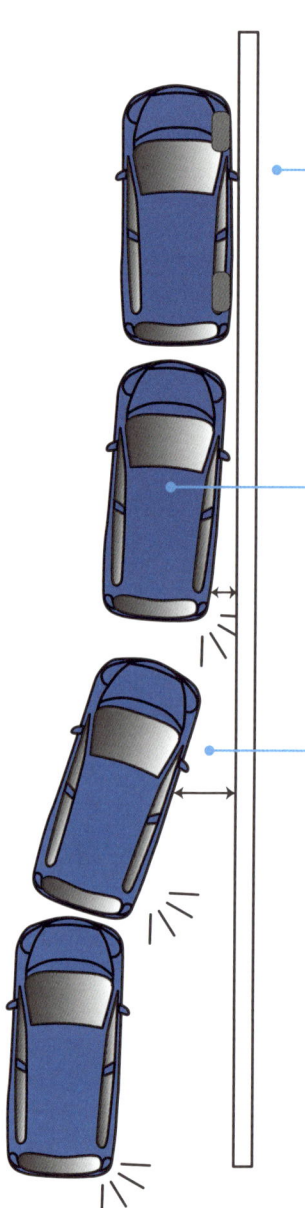

전진하며 붙이기

전진하면서 옆으로 붙일 때는 충분히 다가가서 핸들을 꺾었다고 생각해도 벽과의 거리가 제법 남아 있기 마련이다. 오른쪽 앞부분이 가능한 한 벽에 가까이 접근할 수 있도록 조금씩 이동하자.

STEP 3

사이드미러를 조정하여 오른쪽 뒤 타이어를 확인

핸들을 서서히 풀고 여유가 있다면 사이드미러를 내려서 오른쪽 뒤 타이어의 위치를 확인하면 좋다. 후진할 때에 비해 벽과의 공간이 조금 더 많이 남는다. 옆으로 더 붙이고자 한다면 좀 더 완만히 접근하여 붙이든지 '핸들링'으로 전진과 후진을 반복하여 붙인다.

'전진하며 붙이기' 연습법

차량의 오른쪽 앞과 벽 사이의 거리감을 익히면 쉽게 요령이 생긴다. A 지점과 B 지점을 주시하며 벽에 비스듬히 접근하다 보면 흐릿하던 B 지점이 점점 명확히 보인다. 이런 연습을 하면 거리감을 익힐 수 있다.

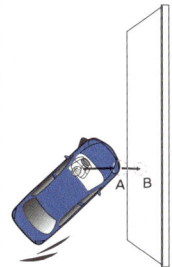

STEP 2

오른쪽 타이어의 한계점에서 핸들을 원래대로 돌린다

오른쪽 앞부분이 무사히 통과했다면 핸들을 원래대로 되돌리며 완만히 벽으로 접근한다. 오른쪽 타이어가 벽 쪽에 최대한 접근했다면 핸들을 조금 왼쪽으로 돌려 차체를 벽과 수평이 되도록 한다.

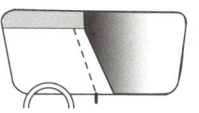

STEP 1

오른쪽 앞부분이 벽에 가까워지면 핸들을 돌린다

벽 쪽으로 비스듬히 천천히 전진한다. 운전석에서 오른쪽 앞 ⓐ 부분에 벽과 도로의 경계가 겹쳐 보일 때 핸들을 왼쪽으로 꺾는다. 너무 많이 꺾으면 벽과의 공간이 넓어지기 때문에 타이어가 벽과 수평을 유지하도록 한다.

차체 앞의 중앙 ⓑ 부분에서 벽과 도로의 경계가 보인다면 벽에 너무 많이 접근한 것이다. 이때 핸들을 꺾으면 벽에 부딪힐 가능성이 크다.

주차가 너무 어려운데, 주의해야 할 점은 뭔가요?

A 부딪힐 가능성이 높은 세 곳만 주의하면 됩니다.

초보자가 차고지나 일반 주차장처럼 딱 정해진 주차 공간에 주차하기란 그리 쉬운 일이 아닙니다. 하지만 요령을 알고 익숙해지면 어렵지 않습니다.

'집 앞의 주차장에서는 성공했는데 다른 곳에서는 번번히 실패해요'라는 사람이 많습니다. 혹시 '벽이 이렇게 보일 때 정지하고 기둥이 여기서 보이면 이 정도 핸들을 꺾어서 넣는다'와 같이 그 장소에 국한된 방식만 기억하고 있는 건 아닌가요?

이번 기회에 어떤 곳에서든 주차하는 데 응용할 수 있는 요령을 배워봅시다. 주차장에 주차할 때 실패하는 주요 원인은 다음 쪽의 세 가지 사례로 설명할 수 있습니다(추가하자면 마지막 단계에서 지나치게 후진해 실패하는 경우가 많습니다).

이들 사례는 주차 시 모두 체크해야 하며 순서대로 하나씩 해결해가면 됩니다. 한 번 해결한 단계에서는 다시 문제가 일어나지 않습니다. 예를 들어 '왼쪽 뒤를 해결하고서 오른쪽 뒤를 신경 쓰는 사이에 왼쪽 뒤가 부딪혔다'와 같은 일은 일어날 가능성이 없습니다. 여유를 가지고 순서대로 진행해봅시다.

그리고 무리하게 한 번에 성공하겠다는 생각은 버립시다. 뒤에서 '핸들링'을 설명하겠지만(44쪽 참조), 실패할 가능성이 있다면 몇 번이든 '핸들링'을 통해 조정할 수 있습니다. 부딪힐 것 같다면 다시 조정하면 됩니다. 상세한 순서는 다음과 같습니다.

실패 사례 1

좌측 후방 접촉사고

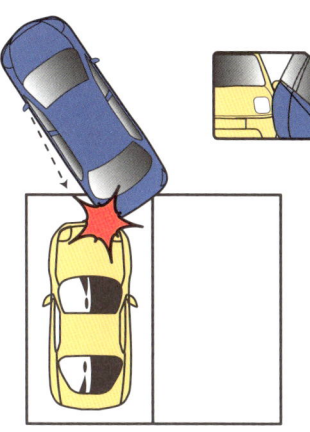

너무 일찍 핸들을 꺾으면 왼쪽 차량에 부딪힌다

핸들을 너무 일찍 꺾거나 많이 꺾으면 차체의 왼쪽 뒷부분이 왼쪽 차량에 부딪힐 가능성이 높다. 이것이 해결해야 할 첫 번째 과제다.

실패 사례 2

후방 접촉사고

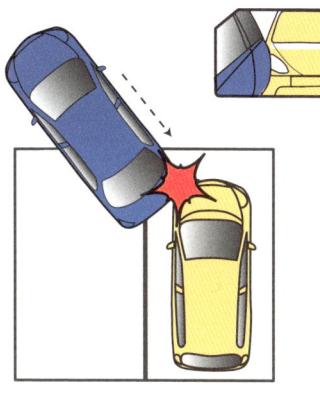

핸들을 너무 늦게 꺾으면 오른쪽 차량에 부딪힌다

핸들을 너무 늦게 꺾으면 차체의 뒤쪽이 오른쪽 차량 정면에 부딪힐 가능성이 높다. 이것이 해결해야 할 두 번째 과제다.

실패 사례 3

우측 후방 접촉사고

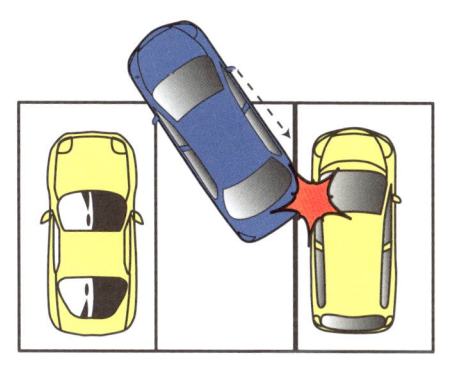

회전 각도가 충분하지 않으면 오른쪽 뒷부분이 부딪힌다

핸들을 덜 꺾거나 늦게 꺾으면 차체의 오른쪽 뒷부분이 오른쪽 차량의 측면에 부딪힌다.

왼쪽 방향으로 후진하기

왼쪽 방향으로 후진할 때는 커브 안쪽에 운전석이 있으므로 시야 확보가 잘됩니다. 익숙해지면 사이드미러만으로 충분하지만 처음에는 창문을 열고 직접 눈으로 확인합시다.

직접 확인할 때는 먼저 보기 쉽고 핸들을 조작하기에 편안한 자세를 확보합시다. 상체를 확실히 뻗어 창문으로 얼굴을 내밀어 봅니다. 확인하는 데 시간이 필요하다면 왼팔을 창문에 걸치고 뒤를 주시하며 오른손만으로 핸들을 조작하는 방법도 있습니다.

운전석의 왼쪽은 쉽게 확인할 수 있기 때문에 먼저 왼쪽 차량과의 간격을 조정합시다. 그러면 오른쪽 차량과의 간격은 저절로 적당히 맞춰집니다.

물론 일반적인 주차장이어야 하며 한 대분의 주차 공간이 흰색 선으로 그어져 있는 경우에만 해당됩니다. 협소한 공간에 주차해야 한다면 오른쪽 뒤 방향도 충분히 주의해야 합니다.

STEP 3

오른쪽 뒷부분을 확인하기 위해서는 사이드미러를 살핀다

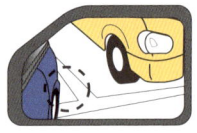

오른쪽 뒷부분이 오른쪽 차량과 부딪치지 않는지 확인한다. 그림에서 표시된 부분이 좁으면 옆 차량과 부딪힌다. 조금이라도 부딪힐 것 같다면 일단 멈추고 핸들을 반대로 감으며 전진해서 다시 조정한다.

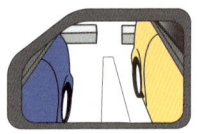

차가 주차 공간에 진입한 후 평행이 되면 이렇게 흰색 선이 보일 것이다. 이렇게 되기 바로 직전에 핸들을 원래대로 돌린다.

STEP 4

차 뒷부분이 부딪히지 않기 위해서는 옆 차량의 핸들 위치를 참고

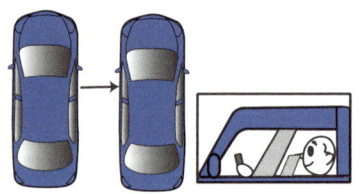

주차 공간에 연석이 설치되어 있다면 그나마 안심할 수 있으나 없다면 지나친 후진에 주의하자. 옆 차의 핸들을 보면 적당한 위치를 가늠할 수 있다.

STEP 1

가능한 한 왼쪽에 충분한 공간을 확보하고 창문으로 핸들을 꺾을 타이밍을 확인

차가 문제없이 회전할 수 있도록 가능한 한 왼쪽에 공간을 확보하고, 차체 앞이 오른쪽으로 향하게 정차한다(운전석이 왼쪽 차량의 오른쪽 모서리 쪽으로 왔을 때 핸들을 오른쪽으로 꺾어 차체가 45도가 되면 멈춘다). 똑바로 후진하면서 뒷좌석 창문 중심에 왼쪽 차량의 오른쪽 앞 모서리가 보이면 핸들을 왼쪽으로 충분히 꺾는다.

왼쪽 방향으로 주차하기

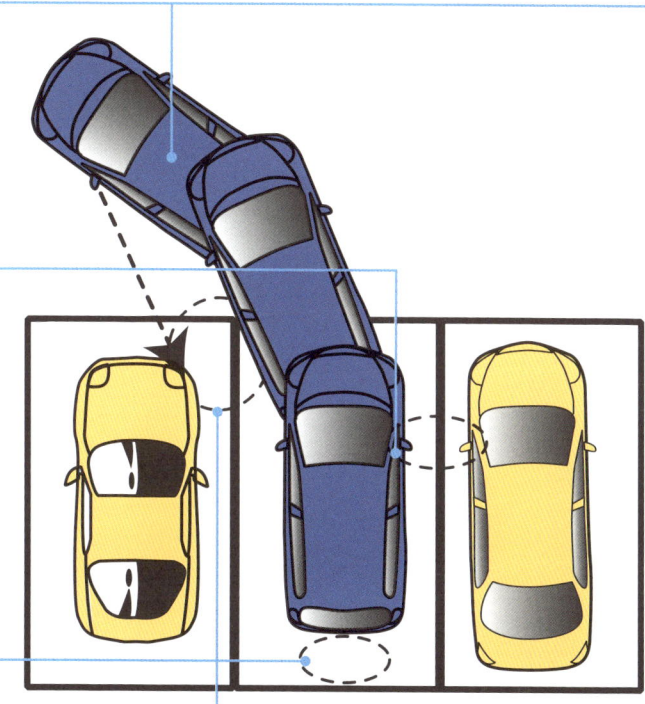

STEP 2

왼쪽 사이드미러로 부딪히지 않는지 확인

이 부분이 가장 중요하다. 사이드미러로 주변 차량과의 간격을 확인한다. 창문으로는 당장 부딪힐 듯이 보이지만 사이드미러로 확인하면 아직 여유가 있음을 알 수 있다.

오른쪽 그림처럼 자기 차와 옆 차량 사이에 지면이 보이면 아직 문제없다. 조금이라도 옆 차량과 겹쳐 보이면 부딪히니 주의하자.

오른쪽 방향으로 주차하기

한국은 우측통행이므로 오른쪽 방향 주차는 왼쪽 방향 주차보다 빈도수가 높습니다. 오른쪽 방향 주차가 어려운 이유는 차체의 오른쪽 뒷부분이 운전석과 반대에 있어 잘 보이지 않기 때문입니다.

먼저 최초 정차 위치가 중요합니다. 어떤 경우든 다음의 세 가지를 기억합시다.

① 가능한 한 차체 앞부분을 조금 왼쪽으로 돌려둔다.
② 일단 오른쪽에 충분한 공간을 확보한다.
③ 왼쪽에 차량이나 벽이 있을 경우 왼쪽에도 충분한 공간을 확보한다.

①, ②는 차를 주차 공간에 쉽게 돌아 들어가게 하기 위한 준비 요령입니다. ③은 차체의 왼쪽에 문제가 생기지 않도록 주의하기 위함입니다. 후진할 때는 뒤 타이어를 중심으로 차체 앞쪽이 크게 돌며 회전(외륜차)합니다. 너무 왼쪽 방향으로 붙여두면 뒤를 신경 쓰다가 왼쪽 앞부분이 부딪히는 사고를 일으킬 수 있습니다.

차가 올바른 위치를 찾았다면 창문을 열고 주차할 준비를 합니다. 순서는 다음 쪽의 그림과 설명을 참고하세요.

STEP 1

두 번째 옆에 있는 차량 부근에서 정지하고 핸들을 오른쪽으로 꺾어 후진

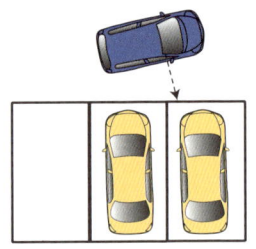

그림처럼 주차하고자 하는 공간에서, 두 번째 옆에 있는 차량이 보이는 위치에서 오른쪽에 공간을 확보하고 정지한다. 핸들을 오른쪽으로 충분히 꺾어 후진한다.

STEP 2

오른쪽 사이드미러로 부딪히지 않는지 확인

핸들을 꺾은 채 천천히 후진한다. 오른쪽 차량과의 틈이 확인되면 OK.

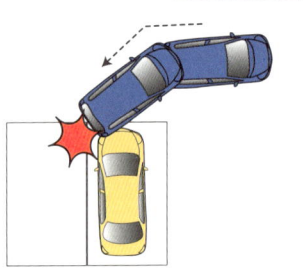

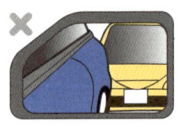

핸들을 너무 일찍 꺾으면 오른쪽 차량에 부딪힌다. 사이드미러에 자기 차가 옆 차량과 겹쳐 보인다면 다시 조정해야 한다.

STEP 3

왼쪽 사이드미러로 옆 차량과의 간격을 확인

 자기 차의 왼쪽 뒷부분이 왼쪽 차량과 부딪히지 않는지 사이드미러로 확인한다. 틈이 확인되면 OK.

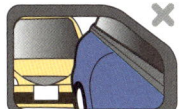 자기 차가 왼쪽 차량과 겹쳐 보인다면 실패한다. 일단 정지하고 핸들을 왼쪽으로 감으며 전진하여 조정한다.

오른쪽 방향으로 주차하기

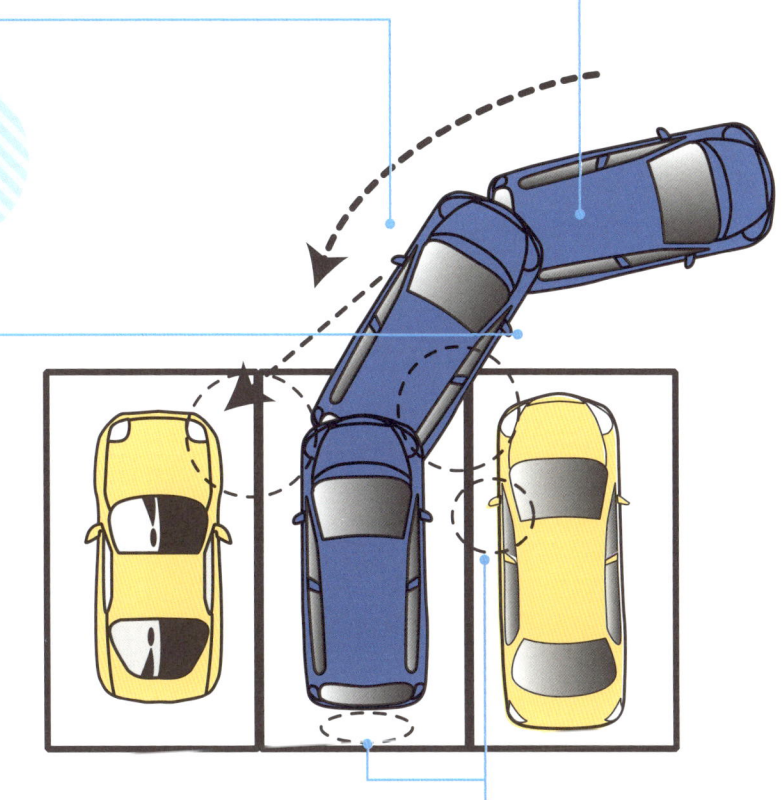

STEP 4

연석이 없다면 옆 차량을 보고 가늠

차체가 충분히 주차 공간에 들어갔다면 '왼쪽 방향으로 후진'하는 법과 동일하게 하면 된다. 여유가 있다면 좌우 공간을 사이드미러로 살피며 주차 공간의 중앙에 자리 잡았는지 확인한다.

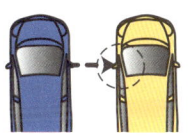

앞 방향으로 주차하기

차고지에 주차를 하거나 평행 주차를 한다면 후진으로 주차하기가 수월하다고 앞서 설명했습니다. 특히 주차장처럼 정해진 공간에 주차해야 할 경우에는 더욱 그렇습니다. 전진 주차를 피해야 하는 주요 이유는 다음과 같습니다.

① 차를 뺄 때 후진해야 하고 교통량이 많은 도로에서는 뒤쪽을 확인하는 것이 여의치 않다.
② 차의 앞쪽이 무사히 통과했다고 뒤쪽도 반드시 무사히 통과하리라는 법은 없다(상세한 설명은 아래 참조).

따라서 보통 후진 주차가 일반적입니다. 하지만 전진 주차가 필요한 경우도 있습니다. 주차장의 좁은 입구를 통과할 때나 발권기 등에 바짝 붙어야 할 경우가 전형적인 예입니다. 그리 어렵지 않다고 생각할지 모르겠으나 다음 쪽의 실패 사례처럼 차체의 왼쪽이 긁히거나 회전하다가 앞쪽이 걸리는 경우가 허다합니다. 완만한 각도로 비스듬히 회전하지 말고 직각에 가깝게 차를 돌리는 게 요령입니다.

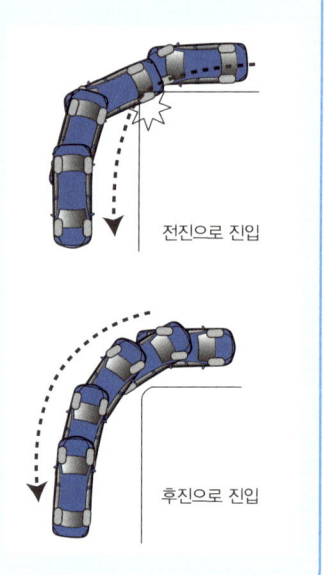

앞바퀴와 뒷바퀴가 통과하는 지점이 다르다

후진으로 커브를 돌면 앞바퀴는 뒷바퀴의 회전 라인보다 바깥쪽을 통과한다. 따라서 '엉덩이가 통과하면 머리도 통과한다'는 말이 성립된다. 이것을 '외륜차' 현상이라고 한다.
반면 전진할 때 뒷바퀴는 앞바퀴의 회전 라인보다 안쪽으로 커브를 그리며 통과한다. 이것이 회전할 때 주의해야 할 '내륜차'다.
또 후진과 전진은 커브를 돌 때 차체의 회전축 위치가 다르기 때문에 회전 방식도 크게 달라진다.
후진은 뒷바퀴 부근이 회전축이기 때문에 차체의 앞쪽이 커브의 바깥쪽으로 크게 돈다. 이에 비해 전진은 회전축이 앞바퀴에서 제법 떨어진 곳이기 때문에 완만한 각도로 회전할 수 없다. 후진과 전진의 이러한 차이점을 반드시 기억해두자.

전진으로 진입

후진으로 진입

실패 사례 1

발권기가 너무 멀다

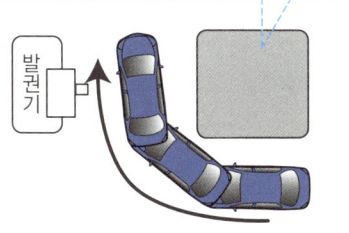

'실패 사례 2'를 피하기 위해서 핸들을 일찍 꺾어 발권기와의 간격이 너무 떨어진 경우.

실패 사례 2

커브를 완전히 통과하지 못한다

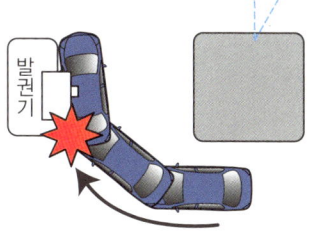

① 핸들을 꺾는 타이밍이 늦다. ② 속도가 빠르다. ③ 핸들을 꺾는 각도가 작다. 이와 같은 이유로 커브를 완전히 통과하지 못한 경우.

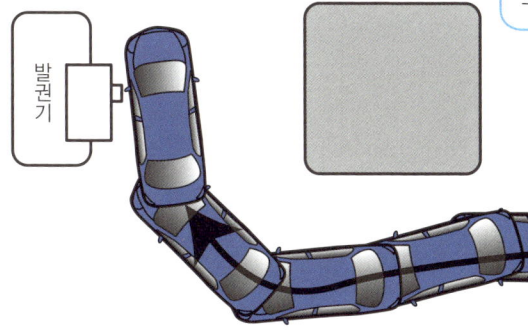

주차장 입구에 설치된 자동 발권기에 손이 닿을 정도로 접근하기란 의외로 쉽지 않다.

STEP 1

가능한 한 조금 왼쪽으로 접근한 후 우회전하여 진입한다

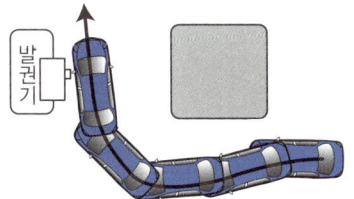

왼쪽 공간에 여유가 있을 때는 다소 왼쪽으로 치우쳐서 우회전하면 차체를 발권기와 평행으로 만들기 쉽다. 뒤에 차량이 있다면 사고를 유발할 수 있기 때문에 너무 많이 치우치지 말자.

STEP 2

입구의 중앙 부근까지 접근한 후 핸들을 꺾는다

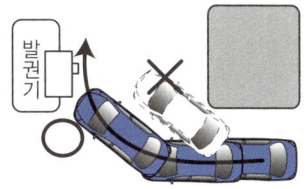

일반적인 우회전보다 조금 늦게 핸들을 꺾는다. 입구의 도로 중앙까지 접근한 후에 꺾기 시작하자. 충분히 감속하지 않으면 커브를 완전히 통과하지 못하니 주의한다.

Q '핸들링'을 하다 보면 뭔가 정신이 하나도 없어요.

A '핸들링'은 한 번에 돌 수 없는 커브나 방향 전환 시 유용합니다.

'핸들링'이라는 말을 많이 들어봤을 겁니다. 하지만 "언제 어떻게 사용하는 건지 와 닿지 않아요"라는 사람도 많습니다.

먼저 핸들링이란 '꺾여 있는 핸들을 원래로 되돌리는 것뿐만 아니라 반대 방향까지 돌리는 동작'을 말합니다. 핸들링으로 차의 진행 각도(방향)를 크게 하거나 미세하게 조정하여 좁아서 한 번에 회전할 수 없는 커브길을 통과할 수 있으며, 차량 사이의 평행도 맞출 수 있습니다.

하지만 핸들링을 반복하다 보면 '지금 핸들이 어느 쪽으로 꺾여 있는지' '이번에는 어디로 돌려야 하는지' '차의 진행 방향은 어디인지' 등 혼란에 빠지기 쉽습니다. 반면에 핸들링이 능숙하면 차를 자유자재로 움직일 수 있기 때문에 좁은 길을 운전하는 일도, 어려운 주차도 두렵지 않습니다. 따라서 반드시 익혀야 할 과제입니다.

46쪽에서 상세히 설명하겠지만 앞서 차의 진행 라인(코스)에 대해 알아봅시다. 다음 쪽의 그림은 핸들링의 대표적인 사례입니다. 이들 라인을 의식하며 운전하다 보면 '지금 핸들이 어느 쪽으로 꺾여 있는지' '이번에는 어디로 돌려야 하는지' 등을 자연스럽게 알 수 있습니다.

핸들링이란?

작은 각도로 방향 전환

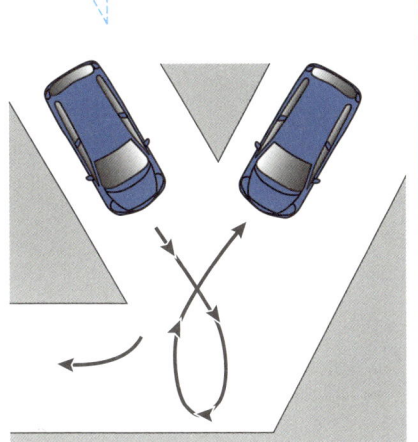

그림처럼 한 번에 우회전 할 수 없다면 '전진할 때 핸들을 오른쪽으로 꺾고 후진할 때 왼쪽으로 꺾기'를 반복하여 조금씩 차체를 우측 방향으로 돌릴 수 있다.

큰 각도로 방향 전환

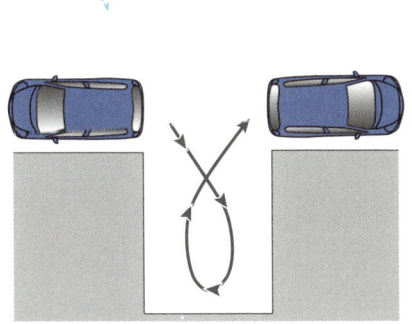

180도 방향 전환도 핸들링으로 가능하다. 이 경우도 움직이는 라인은 위와 동일하다.

핸들링을 활용하는 전형적인 예

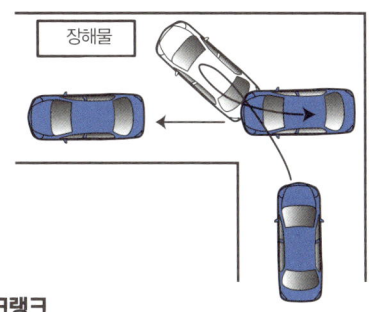

크랭크

좁은 도로에서 회전해야 할 때 한 번에 돌 수 없다면 핸들링이 필요하다(다음 쪽 참조).

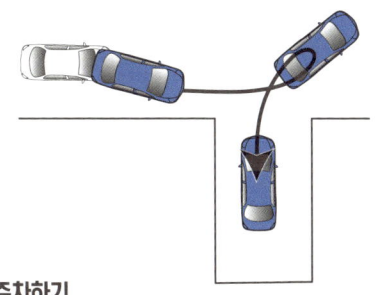

주차하기

주차할 때 공간이 충분하지 않다면 차체 앞쪽을 한쪽으로 비스듬히 기울이는 핸들링으로 진입하면 편리하다.

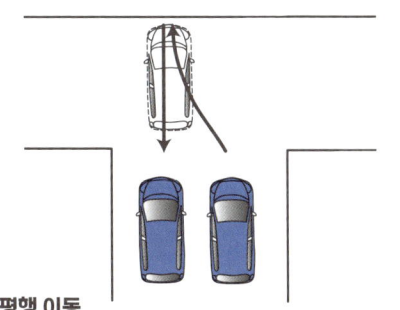

평행 이동

한쪽으로 치우쳐서 주차되었다면 핸들링으로 평행 이동하여 간격을 맞출 수 있다.

주택가의 좁은 도로는 전신주가 있거나 노상에 주차된 차량 때문에 가장 운전하기 힘든 장소입니다. 게다가 커브길이라면 더 힘들겠지요. 하지만 이런 길도 핸들링만 능숙하면 무서워할 필요가 없습니다(물론 차의 크기에 따라서 물리적으로 지나갈 수 없는 경우도 있습니다).

47쪽에 소개한 길을 통행해야 할 때는 일단 속도를 줄여야 합니다. 감속만으로도 한 번에 돌아 들어갈 수 있습니다. 그리고 '한 번에 돌 수 있는지 없는지'를 판단해야 합니다. 뒤따르는 차량이 있다면 한 번에 돌리고 싶겠지만 무리하면 오른쪽 앞부분이 부딪힐 수 있습니다. 오른쪽 앞부분은 의외로 그 위치를 가늠하기 어렵기 때문에 조금이라도 위험하다고 판단되면 핸들링을 통해 빠져나오는 게 좋습니다.

핸들링을 그저 핸들을 좌우로 반복해서 꺾으면 된다고 생각하는 사람도 많은데, 차가 움직일 라인을 먼저 머릿속으로 그려보고 그 의도에 맞춰 핸들링해야 실력이 빨리 향상됩니다.

오른쪽 그림을 예로 든다면 '반시계 방향으로 원반 모양을 그리며 전진한다. 그리고 핸들을 오른쪽으로 이만큼 꺾는다.'와 같이 가능한 한 머릿속에 그림을 그려보는 것이 좋습니다. 차가 완전히 멈추기 직전에 핸들을 꺾는 게 이상적이지만 익숙하지 않다면 정지 상태에서 핸들을 돌리는 게 안전합니다. 파워 스티어링이 없던 시절에는 핸들이 무거워서 또는 타이어에 악영향이 있다는 이유로 차가 멈추기 전에 핸들링하기를 권장했습니다. 하지만 요즘 차는 대부분 파워 스티어링이 장착되어 있어 정차 후 핸들을 돌려도 상관없습니다. 조급한 마음에 헷갈리는 것보다 시간이 좀 더 걸리더라도 정확하게 핸들을 조작하는 편이 낫습니다.

> **핸들링 핵심 포인트**
> - 차의 진행 라인을 머릿속으로 그려본다.
> - 차가 멈추기 직전에 다음 동작을 준비하는 핸들링을 한다.
> - 파워 스티어링이라면 익숙해지기 전까지 차를 멈추고 핸들을 돌려도 된다.
> - 좁은 공간에서 차의 전방을 왼쪽으로 기울이고 싶다면 '전진 시 왼쪽, 후진 시 오른쪽'으로 반복하여 핸들을 꺾는다(주차 때도 동일하다).

STEP 3

벽에 닿기 전에 후진을 멈춘다

후진하면서 차체의 오른쪽 후방이 벽에 닿기 직전에 정지. 뒤쪽 방향을 면밀히 살피고 싶다면 문을 열고 눈으로 확인하자.

핸들링의 순서

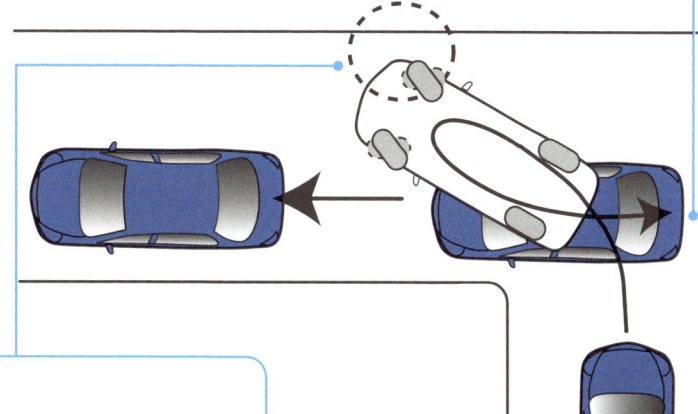

STEP 2

오른쪽 전방이 부딪치기 전에 핸들링한다

오른쪽 전방은 장애물과의 간격을 가늠하기 어렵지만 그림의 ⓐ 공간이 좁을수록 충돌할 가능성이 높다는 것을 기억하자. 잘 모르겠다면 창문 밖으로 고개를 내밀어 직접 확인하자.

숙련되지 않았다면 너무 많이 접근할 필요가 없다. 그리고 한 번 만에 빠져나가려고 무리하지 않아도 된다. '내륜차' 현상도 주의하자.

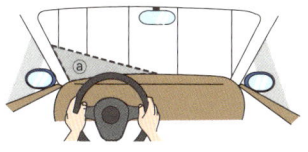

STEP 1

가능한 한 오른쪽으로 붙어 크게 돈다

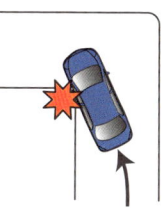

좌회전 길은 일단 오른쪽 끝으로 붙어 크게 도는 게 안전하다. 왼쪽으로 치우쳐 돌면 차체가 왼쪽 모서리에 걸리는 경우가 많다.

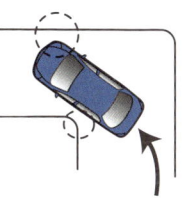

**좁은 길에서 마주 오는 차를
긁을까 봐 두려워요.**

A 가능한 한 그런 상황을 만들지 말고 어쩔 수 없다면
한 대씩 교대로 지나갑시다.

주택가의 좁은 도로에서 마주 오는 차를 비껴가야 한다면 어떻게 해야 할까요? 운전에 익숙한 사람도 이런 상황에서는 손에 땀이 찹니다. 마주 오는 차를 긁을 수도 있고 벽에 긁힐 수도 있다는 두려움에 짐짓 멈추기라도 하면 상대편 차의 운전자가 경적을 울리거나 화를 내는 상황이 벌어지기도 합니다.

마주 오는 차를 피해 가는 방법은 다양합니다(50쪽 참조). 위험하다고 판단되면 빨리 그 상황을 모면합시다.

가장 간단한 방법은 '넓은 곳에서 대기'하면 됩니다. 전방의 상황을 알 수 없다면 어쩔 수 없지만 마주 오는 차량을 발견했다면 정차하여 대기합니다. 이러는 편이 시간도 훨씬 절약됩니다. 만약 뒤따르는 차량이 있다면 먼저 보내도 됩니다.

대기할 수 없고 정차할 수도 없어 어쩔 수 없이 지나가야 한다면 조금이라도 넓은 곳을 선택합니다. 마주 오는 차의 운전자와 의사소통을 할 수 있다면 좋겠지만 교차로처럼 도로의 폭이 여유로운 장소를 찾으면 일단 안심입니다.

또 차를 일단 오른쪽 끝까지 붙여 마주 오는 차량을 먼저 보낸 후에 진행하는 방법도 있습니다. 전진하면서 오른쪽 끝에 붙이기는 쉽지 않지만(34쪽 참조) 상대가 알아서 지나간다면 이 또한 해결 방법 중 하나입니다.

차량 간 접촉사고는 움직인 차의 책임이 더 크기 때문에 자신이 없다면 그냥 가만히 있는 게 상책일 수도 있습니다.

사고 위험을 최대한 줄이기 위해서는?

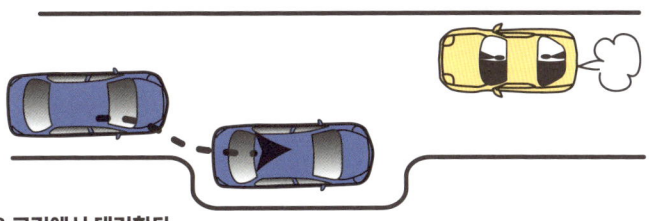

조금이라도 넓은 공간에서 대기한다
마주 오는 차가 제법 멀리 있더라도 도로가 좁다면 넓은 장소를 찾아 미리 대기하자.
긴장해서 실수하는 것보다 결과적으로 시간이 덜 소요될 수 있다.

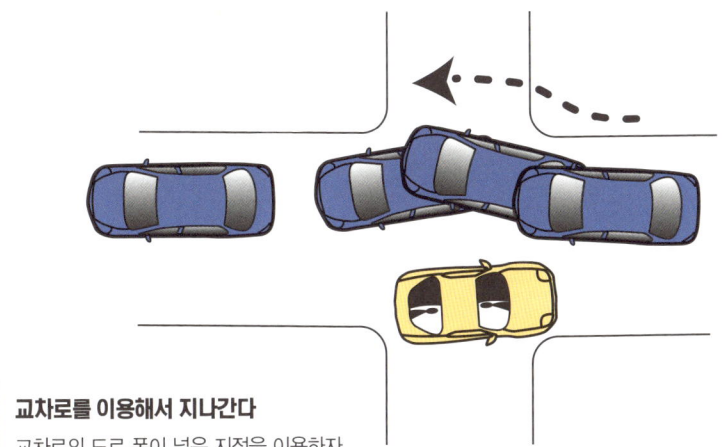

교차로를 이용해서 지나간다
교차로의 도로 폭이 넓은 지점을 이용하자.
마주 오는 차가 여러 대라면 가능한 한 서행하여 그 자리에서 모두 해결하는 것이 좋다.

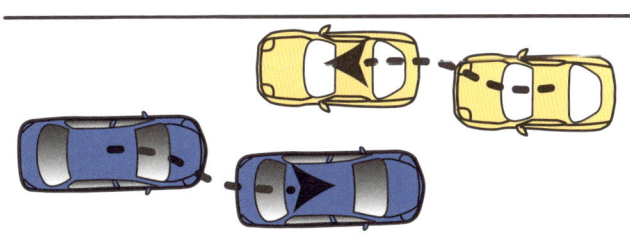

오른쪽 끝으로 붙어 대기한다
도로에 조금이라도 여유가 있다면 오른쪽 끝까지 붙자.
단, 서로 동시에 통과할 수 없을 정도로 좁은 도로라면 이 방법은 의미 없다.

도로가 좁아서 서로 지나갈 수 없다면 넓은 장소까지 자신이 후진하거나 상대가 후진하는 방법밖에 없습니다. 따라서 물리적으로 지나갈 수 있는 공간인지 아닌지 가늠하는 능력을 길러야 합니다(51쪽 참조).

지나갈 수 있다면 반시계 방향으로 괄호를 그리듯이 조금씩 진행하여 교차합니다.

'왜 곡선으로 진행하지? 서로 평행으로 진행하는 편이 공간을 활용하기에 더 좋지 않나?'라고 생각할 수도 있으나 사람들은 보통 오른쪽에 다소 여유 간격을 두고 주행하기 때문에 이 공간을 활용하는 것입니다.

먼저 앞차와의 간격이 좁아지면 아주 조금씩 오른쪽으로 붙습니다. 이때 ①핸들을 조금 오른쪽으로 돌립니다. 그리고 서로 평행을 이루어 교차할 때 ②핸들을 원래 상태로 돌립니다.

마지막으로 뒷바퀴 부근이 교차될 때 ③핸들을 가볍게 오른쪽으로 돌립니다. 이는 차체 후방을 오른쪽으로 기울여서 서로의 후방에 추가 공간을 만들기 위함입니다.

이상 ①~③과 같이 핸들을 조작하면 차가 괄호를 그리는 듯한 라인을 이루며 진행합니다.

좁은 도로에서 마주 오는 차량 피해 가기

STEP 2

사이드미러가 부딪히지 않는지 확인

사이드미러가 무사히 통과한다면 지나갈 수 있다. 살짝 접촉할 것 같다면 사이드미러를 접어서 통과할 수도 있다. 이것은 상급자 수준이다. 마주 오는 차와 교차하는 시점 이후에 핸들을 오른쪽으로 꺾으면 차체 후방이 왼쪽으로 기울어져 부딪히기 때문에 주의하자.

STEP 1

마주 오는 차량과 도로의 폭을 체크

차종에 따라 다르지만 마주 오는 차량이 도로의 절반 이하를 점유하고 있다면 통과할 가능성이 높다.

차폭을 가늠하는 연습

항상 오른쪽 앞 바퀴의 위치를 확인

자기 차의 폭이 어느 정도인지 평소에 확인해둘 필요가 있다. 오른쪽 바퀴의 위치를 가늠할 수 있다면 옆으로 바짝 붙이는 운전이 수월해진다.

오른쪽 바퀴의 위치

운전석에서 봤을 때 앞 유리 중앙 부근이 오른쪽 앞 바퀴의 위치다. 위치를 확인한 후 스티커를 붙여두면 도움이 된다.

좁은 도로에서의 차폭 확인

우회전 차량이 정차하고 있거나 오른쪽에 노상 주차 차량이 있을 때에는 서행하면서 통과할 수 있는지를 확인한다. 길가의 연석이 낮다면 그 위를 걸쳐 지나가도 큰 문제는 없다. 단, 차체가 다소 기울어질 수 있으니 주의하자.

**노상 주차 차량이 있는 좁은 도로는
통과할 수 있는지 어떻게 판단하나요?**

 노상 주차 차량과 마주 오는 차량의 폭을 참고합시다.

운전도 미숙한데 도로마저 좁다면 차가 지나갈 수 있을지 판단하기란 여간 어려운 일이 아닙니다. 앞 장에서 마주 오는 차량을 비껴가는 방법을 알아봤습니다. 이외에도 운전하면서 차가 통과할 수 있는 길인지 판단해야 할 상황은 무척이나 다양합니다.

①단순히 도로가 좁은 경우
②좌회전 대기 차량의 오른쪽을 통과하는 경우
③노상 주차 차량을 비껴가는 경우

제일 먼저 체크해야 할 사항은 다음과 같습니다(53쪽 참조).

①앞선 차가 통과했는지 체크
②다른 차(마주 오는 차량이나 노상 주차 차량 등)의 폭이 도로의 절반 이하인지 체크
③자기 차의 폭은 어느 정도인지 체크

물론 다른 차의 폭을 참고할 때는 자기 차와 비교해서 어떻게 다른지도 고려해야 합니다. 이상을 참고로 물리적으로 통과할 수 없거나 자신이 없다면 무리할 필요는 없습니다. 예를 들어 좌회전 대기 차량의 오른쪽 공간이 충분하지 않다고 판단했다면 '뒤차가 경

적을 울렸다'고 해서 억지로 진행할 이유는 없습니다. 그냥 앞차가 좌회전할 때까지 기다리면 됩니다. 사고가 나도 뒤차는 아무런 책임을 지지 않습니다.

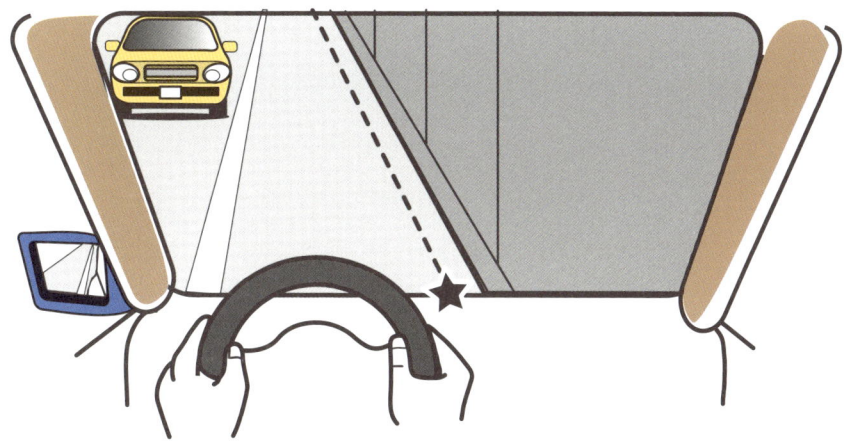

마주 오는 차량의 폭을 참고하자

마주 오는 차량이나 노상 주차 차량의 폭을 참고해서 도로 폭이 그 차의 두 배 이상이라면 통과할 가능성이 높다. 오른쪽에 벽이 있더라도 지나치게 신경을 쓰지 않는 게 좋다. 단, 자기 차의 바퀴 위치는 항상 체크하자.

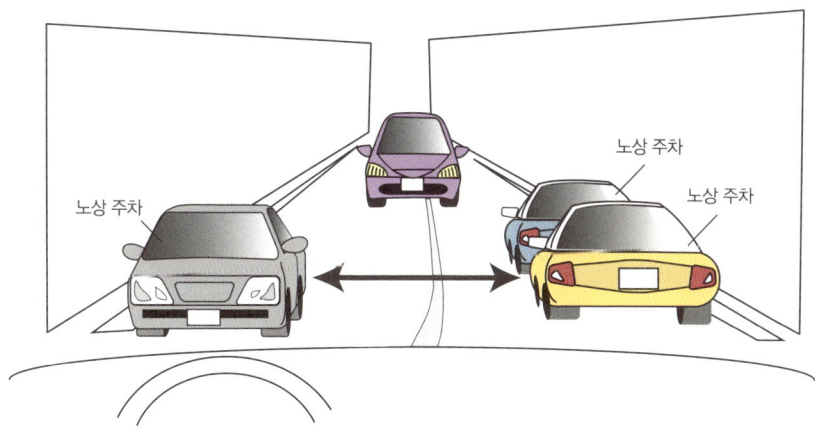

노상 주차 때문에 도로가 좁다면 마주 오는 차를 먼저 보내자

마주 오는 차나 앞선 차가 통과했다면 무사히 지나갈 가능성이 높다. 마주 오는 차에 길을 양보해서 상황을 참고하는 방법도 있다. 노상 주차 차량이 한쪽만 있다면 차로를 넘지 않고 주행 가능한 쪽(노상 주차가 없는 도로)에 우선권이 있으니 참고하자. 자신의 진행 차로에 주차 차량이 있다면 대기하자.

막다른 길을 만났을 때 후진하는 요령을 알려주세요.

 몸을 틀고 왼손으로 핸들을 조작합시다.

운전하면서 주차할 때 말고는 후진할 일이 거의 없습니다. 하지만 주택가 도로에서 막다른 길을 만난다면 긴 거리를 후진으로 빠져나와야 합니다. 이때 후진이 익숙하지 않다면 오도 가도 못하는 상황에 빠지고 맙니다. 후진이 어려운 이유는 다음과 같습니다.

① 후방이 잘 보이지 않는다.
② 핸들 방향이 헷갈린다.
③ 회전 시 차의 움직임이 전진 때와 다르다.

①의 상황이라면 55쪽에서 설명하는 것처럼 오른손을 조수석에 걸치고 몸을 틀어 돌아보는 자세가 중요합니다. ②의 경우 대개 전진과 후진에 관계없이 오른쪽으로 돌 때는 오른손으로 핸들을 돌려야 한다고 말합니다. 하지만 초보자에게 몸을 돌려 뒤를 보면서 핸들을 좌우로 조작하는 일은 그리 간단한 문제가 아닙니다. 예를 들어 후진하면서 좌회전한다면 몸을 돌려 뒤를 보고 있는 상태이기 때문에 가고자 하는 진행 방향이 오른쪽이라고 착각하기 쉽습니다. 이를 극복하기 위해서는 무엇보다 많은 연습이 필요하지만 일단 머리로 생각하지 말고 '가고 싶은 쪽으로 핸들을 돌린다'고 기억하면 됩니다.

③ 역시 연습을 통해 차의 움직임에 익숙해져야 하지만 기본적으로 핸들을 돌린 뒤 재빨리 원래로 되돌려야 한다는 점과 핸들을 지나치게 많이 돌리면 안 된다는 점을 명심합니다.

후진은 시야도 좁고 좌우도 헷갈린다

당연한 말이지만 앞을 보는 것보다 시야가 좁다. 게다가 핸들을 어떻게 조작해야 할지 좌우 감각도 혼란스럽다.

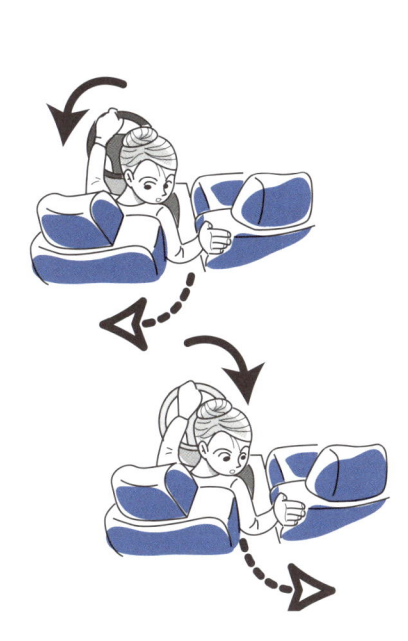

좌우를 생각하지 말고 진행하고 싶은 방향으로 핸들을 돌리자

좌우를 의식하지 말고 진행 방향만 생각하면 덜 혼란스럽다. 그림과 같이 화살표 방향으로 진행할 때는 화살표 쪽으로 핸들을 돌리면 된다.

후진 시 자세

후진할 때 시야를 확보하기 위해서는 상반신을 오른쪽으로 틀고 오른손으로 조수석 뒤를 잡는 자세가 좋다. 핸들은 왼손으로 12시 방향을 잡는다.

룸미러를 보면서 후진하기

직진으로만 후진한다면 보통 룸미러만 보면서 운전하기도 한다. 이때는 시야가 무척 좁기 때문에 급발진하지 않도록 충분히 주의하자.

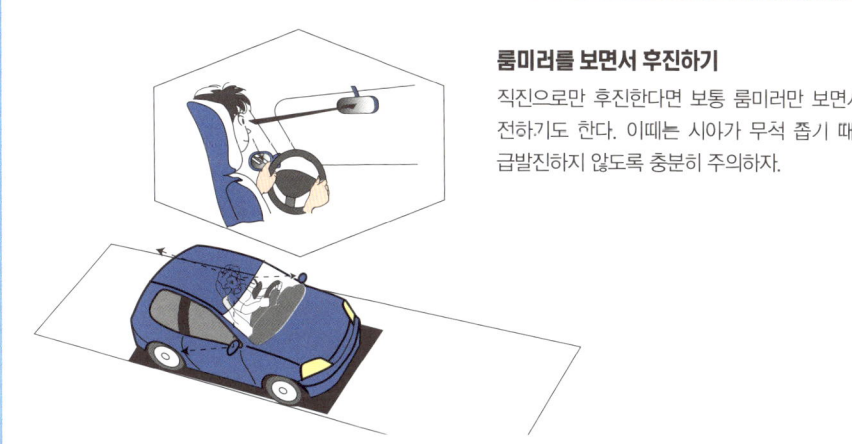

Drive Talk

공터에서 연습하기

● 표지판을 세워두고 연습하기

교통콘이라면 부딪혀도 괜찮다. 일부러 살짝 부딪히면서 어떤 상황에서 부딪히는지 경험해보는 것도 좋다. 교통콘은 온라인 쇼핑몰에서 쉽게 구할 수 있다.

스티로폼 또는 종이 상자를 사용해도 좋다.

● 라이트를 활용한 거리감 익히기

벽에 라이트가 비치는 모양을 보고 연습한다. 엔진룸(보닛)이 긴 차량은 특히 전방의 거리를 가늠하기 어렵기 때문에 충분히 주의하자.

헤드라이트로 체크할 수 있다.

후방 브레이크램프로도 체크할 수 있다.

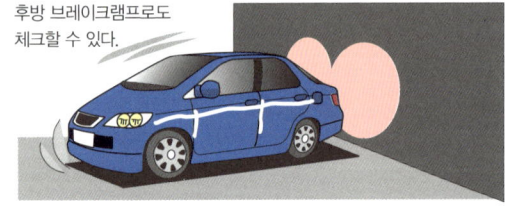

후진도 전진과 마찬가지로 후방 라이트가 벽에 비치는 모양을 보고 연습한다. 이때 브레이크램프의 작동에 문제가 없는지도 체크할 수 있다.

운전을 잘하고 싶다면 사람이 없는 공터나 주차장에서 충분히 연습해봅시다. 차고지에 주차하거나 평행 주차를 하는 연습은 교통콘이나 종이 상자를 세워두고 하면 됩니다. 또 전방 또는 후방 벽으로 차를 붙이는 연습은 밤에 라이트를 활용하면 효과적입니다. 벽에 비친 라이트의 불빛이 작아지면 벽에 바짝 다가섰다는 의미입니다. 이때 운전석에서 벽의 위치가 어떻게 보이는지 기억해둡니다.

운전 시 "이럴 때는 어떻게 하죠?"

운전하다 보면 당황스러운 일이 한두 가지가 아닙니다. 우물쭈물하다가 다른 운전자에게 핀잔을 듣는 경우도 많습니다. 이 장에서는 초보자가 불안해하는 대표적인 상황을 예로 들어 설명하겠습니다.

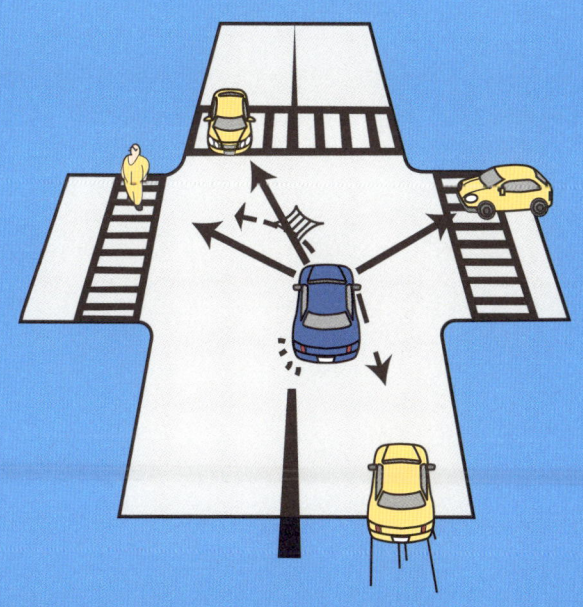

 **교차로에 갇힐까 봐 불안한데, 통과할 수 있는지 어떻게 판단하나요?**

 정체 시에는 진입 공간을 확인한 후 진행합시다.

교차로에서 신호에 안 걸리고 무사히 건널 수 있을지 망설여지는 경우가 종종 있습니다. 일반적인 직진이라도 교통량이 많아 정체되고 있다면 혹시 신호가 바뀌어 교차로 안에 남겨질까 봐 불안하거나 주저해본 경험이 있을 겁니다. 주로 다음과 같은 상황에서 망설이게 됩니다.

① 황색 신호로 바뀌었는데 진행해도 될까?
② 정체 시에 교차로로 진입했다가 신호가 바뀌어 남겨지면 어떡하지?

먼저 ①은 진입하자니 신호가 바뀌어 교차로에 남겨질 것 같고, 정지하려니 뒤차가 신경 쓰여 불안한 상황입니다. 신호는 교차로 진입 가능 여부를 알려주는 것이므로 일단 교차로 안에 들어갔다면 도중에 신호가 바뀌더라도 침착하게 진행해야 합니다. 다시 말해 일단 진입했다면 정차하지 말고 보행자를 주의하면서 빠져나가야 합니다. 차량 흐름이 원활하면 황색 신호에 진입하더라도 도중에 남겨질 걱정은 없으니 안심하고 진행합시다.

즉, ①은 교차로 안에 진입하였다면 진행해 통과하고, 교차로에 진입하지 않았다면 정지합니다. 물론 후속 차량과의 추돌사고에도 주의해야 합니다.

②는 앞차들의 흐름을 보고 원활하지 않다면 애초에 진입하지 않는 편이 좋습니다. 그리고 교차로에 자기 차가 들어갈 공간이 충분한지 파악하여 진입할지를 판단합시다.

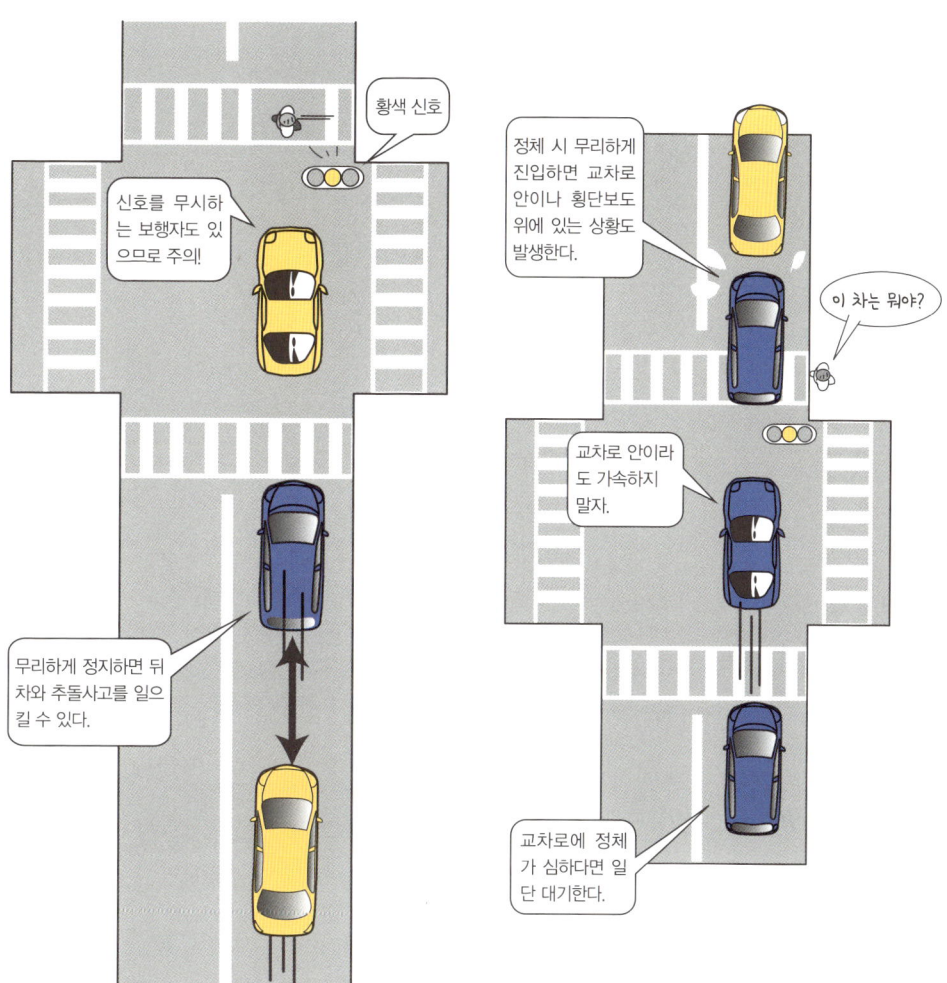

차량 흐름이 원활할 때는 진입 직전에 황색 신호로 바뀔까 봐 망설이게 된다. 진입하지 않겠다면 정지하면 되지만 교차로 안에 어중간하게 정차하는 상황이 생길 것 같으면 바로 통과하는 편이 좋다. 단, 뒤차의 속도나 차간거리를 충분히 고려하자.

앞차의 꼬리를 물고 교차로에 진입하면 교차로 안에 남겨질 위험이 크다. 교차로 전방의 공간을 확인하고 진입할지를 판단하자.

> **Q 교차로에서 좌회전 대기 중인데 뒤차가 신경 쓰일 때 진행할 수 있는지 어떻게 판단하죠?**
>
> **A 자신이 언제 좌회전할 수 있을지 머릿속으로 그려보는 것이 중요합니다.**

초보자는 교차로에서 좌회전하기가 두려울 것입니다. 마주 오는 직진 차량이 없거나 좌회전 신호가 있다면 문제없지만 '교통량' '차량의 속도' '좌회전 대기 중 후속 차량의 수' 등에 따라 긴장의 수위가 달라집니다.

무리하게 진행하다가 직진 차량과 사고를 내는 것이 최악의 상황입니다만, 뒤에서 경적이라도 울리면 초조해지기 마련입니다. 하지만 무엇보다 안전이 최우선입니다. 자신이 없다면 무리해서 진행할 필요는 없습니다.

그렇다면 진행 여부를 어떻게 판단하면 될까요? '차량의 속도' '교차로의 크기' '보행자의 유무' '좌회전 시 소요 시간' 등에 따라 다릅니다. 먼저 익숙해지는 일이 가장 중요하지만 연습을 위해 다음과 같은 사항을 머릿속에 그려봅시다.

① 좌회전 완료 시까지 자기 차의 움직임과 소요 시간
② 마주 오는 직진 차량의 교차로 진입까지의 소요 시간

이 두 가지를 고려하여 ①이 ②보다 짧다면 진행합니다. 결국 능숙한 운전자가 되기 위해서는 이러한 판단을 순간적으로 정확히 해낼 수 있어야 합니다.

좌회전할 때 직진 차량만 신경 쓰다가 사각에 있는 이륜차나 보행자를 놓칠 수도 있으므로 충분히 주의합시다. 특히 이륜차는 낮이라도 눈에 잘 띄지 않습니다.

교차로 좌회전 시 주의점

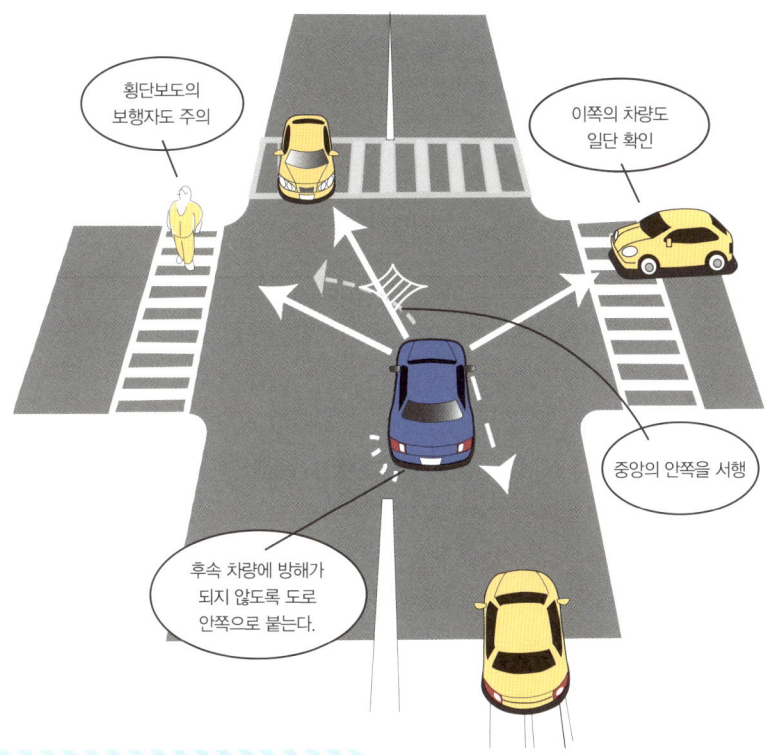

좌회전이 가능한지는 마주 오는 직진 차량에 달렸다

마주 오는 차량이 ①정도의 크기로 대략 시속 40km 속도라면 좌회전할 수 있다. ②와 같이 마주 오는 차량이 속도가 늦거나 양보해준다면 좌회전할 수 있다. ③처럼 보이면 좌회전할 수 없다고 판단하자. 이상은 어디까지나 대략적인 상황 묘사다.

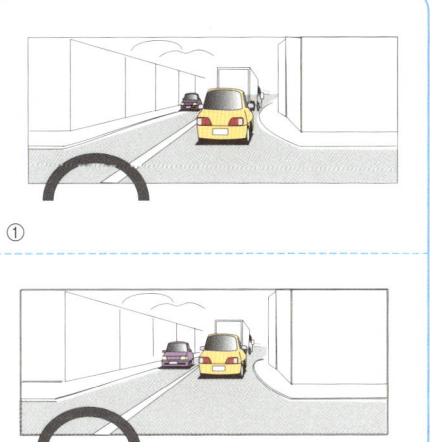

> **Q 교차로에서 우회전할 때 요령이나 주의점을 알려주세요.**

A 오토바이나 자전거를 주의합시다.

교차로 우회전은 좌회전보다는 편하지만 다음과 같이 주의해야 할 점도 있습니다.

①감속 시 뒤 차량과의 추돌 위험성
②우회전 시 자전거나 오토바이와의 접촉사고 위험성
③횡단보도 보행자와의 사고 위험성
④맞은편 차로의 좌회전 차량과의 접촉사고 위험성
⑤차로를 넘어설 위험성

①의 상황을 피하기 위해서는 신속히 방향 지시등을 켭니다. 보통 우회전 3초 전 30m 전방에서 켜라고 합니다만, 감속하기 전에 우회전할 의사가 있음을 확실히 표시해야 추돌사고의 위험을 줄일 수 있습니다. 감속할 때는 충분히 주의를 기울입시다.

②의 상황에서도 방향 지시등을 빨리 켜고 가능한 한 오른쪽으로 붙어 오토바이나 자전거 등에게 공간을 주지 않는 것이 중요합니다. 오른쪽으로 바짝 붙이면 후속 차량이 직진이나 좌회전할 때 기다리지 않고 바로 진행할 수 있어 좋습니다.

③의 위험성은 항상 염두에 두어야 합니다. 당연히 보행자 우선이므로 급발진 등도 포함해서 주의합시다. ④를 피하려면 맞은편 차로에서 좌회전 신호를 받은 차량에게 우선권이 있다는 사실을 명심해야 합니다. 무모하게 우회전하지 맙시다. ⑤는 적절한 라인을 타

면서 핸들을 조작하면 되지만 내륜차를 고려하여 회전해야 합니다. 운전석에서 커브의 코너 부근이 보였을 때 핸들을 꺾기 시작하면 큰 문제는 없습니다.

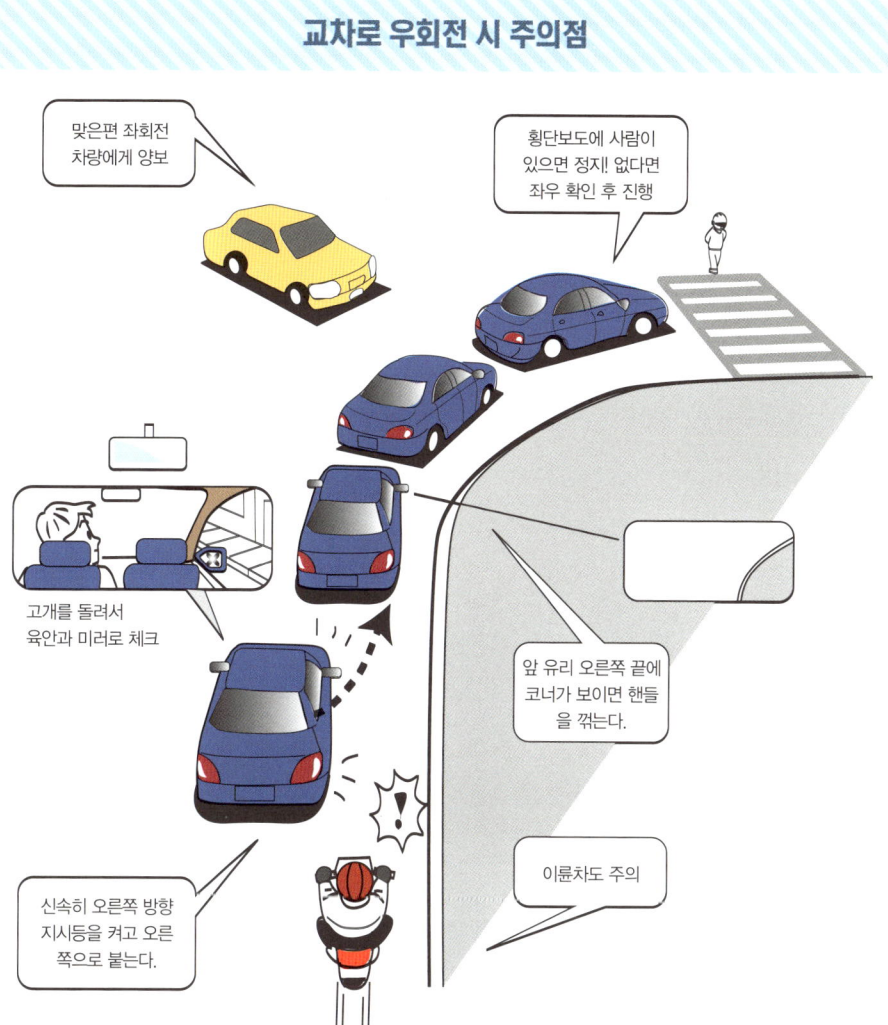

우회전할 때 오른쪽으로 붙는 이유는?

- 오토바이나 자전거의 진입을 막기 위해서다.
- 후속 직진 차량이나 좌회전 차량을 방해하지 않기 위해서다.
❖ 좁은 도로에서 우회전한다면 다른 차를 방해하지 않는 선에서 크게 회전한다.

 **신호 없는 교차로에서 자꾸 깜짝 놀라는데 뭘 주의해야 할까요?**

 일단 감속하고 어느 쪽이 우선 도로인지 확인합시다.

주택가를 비롯해서 신호가 없는 교차로도 많습니다. 이런 경우는 어느 쪽이 우선인지 몰라 사고나 시비가 빈번합니다.

자기 쪽에 정지선이나 '일시 정지' 표시가 있다면 교차하는 도로(이하, 교차 도로)가 우선이므로 반드시 일시 정지해야 합니다. 그런 표시가 없다면 도로 폭이 넓은 쪽이나 교차로의 중앙선이 있는 쪽이 우선입니다.

어느 쪽이 우선인지 잘 모르겠다면 오른쪽이 우선입니다만, 서행하며 상황을 살피고 진행하는 것이 무난합니다. 상대편도 자신이 우선이라고 생각할 수 있기 때문에 원칙을 주장하기보다는 사고를 방지하겠다는 마음가짐이 중요합니다. 내게 우선권이 있는 도로일지라도 상대가 이미 진행하고 있다면 상대에게 우선권이 있습니다.

그리고 주택지에서는 담벼락 때문에 시야가 나쁜 경우도 많습니다. 무슨 일이 생기면 바로 브레이크를 밟을 수 있도록 항상 준비하는 운전 습관이 중요합니다.

또 길모퉁이에 설치되어 있는 도로 반사경도 적극적으로 활용합시다. 도로 반사경에 비친 차량의 방향 지시등은 좌우가 어느 쪽인지 순간적으로 착각하기 쉽지만, 초조해하지 말고 실물을 본 후 판단하면 됩니다. 상대 차뿐만 아니라 이륜차(자전거 또는 오토바이)나 보행자의 돌발 행동에도 항상 주의해야 합니다.

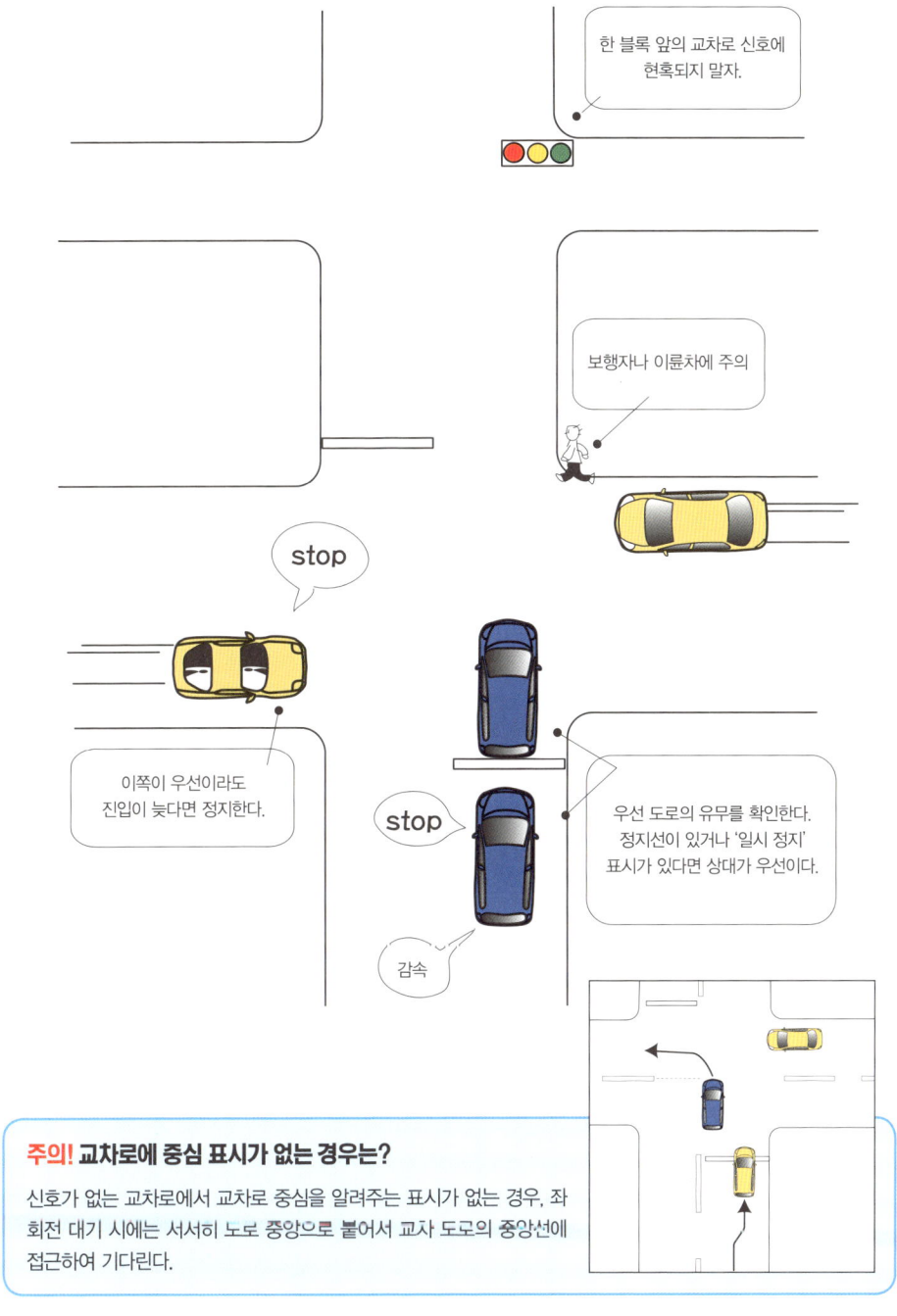

교통 흐름이 빠른 도로에서 차로 변경을 잘하는 요령을 알려주세요.

 옆 차로의 주행 차량과 속도를 맞추는 것이 중요합니다.

초보자에게 차로 변경은 '교차로 좌회전'만큼이나 긴장됩니다. 특히 차량 흐름이 빠를 때는 타이밍을 어떻게 맞춰야 할지 몰라 식은땀이 나기도 합니다. 차로를 변경할 때는 먼저 이동하려는 차로의 상황을 살피고 속도나 공간을 체크합니다. 그 후 주의해야 할 사항은 다음과 같습니다.

①자기 차를 이동하려는 차로의 차량 속도에 맞춘다.
②'이 차 앞에 들어가자'가 아니라 '이 차 뒤에 들어가자'라고 생각해야 안전하다.
③핸들을 급히 돌리지 않는다.

①의 경우 속도를 높이려고 해도 자기 차로의 교통 흐름이 늦어서 가속할 수 없을 때도 있습니다. 이럴 때는 일단 감속하여 차간거리를 확보한 후 그 공간을 이용해 가속합니다. 자기 차의 속도가 옆 차로의 속도보다 빠르지 않으면 차로 변경이 용이하지 않습니다.
②의 지침을 따르는 편이 속도 조절도 쉽고 후속 차량에도 불쾌감을 주지 않습니다. 이런 방법은 정체 시에도 마찬가지입니다.
③은 빨리 차로 변경을 해야겠다는 마음이 앞선 초보자가 범하기 쉽습니다. 속도를 높이고 핸들은 천천히 돌리도록 합시다. 또 고개를 돌려 주변을 확인할 때는 핸들이 무의식적으로 함께 돌아갈 수도 있으니 핸들이 움직이지 않도록 확실히 잡아 고정합니다.

STEP 1

차간거리를 두고 속도를 높인다

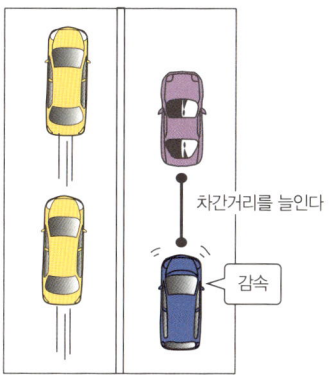

먼저 왼쪽 차로로 진입할 수 있는지부터 체크. 옆 차로의 속도에 맞춰 가속한다. 자기 차로의 속도가 늦다면 일단 감속하여 앞차와의 거리를 충분히 두고 다시 가속한다.

STEP 2

방향 지시등을 켜고 뒤 차량을 확인한다

옆 차로의 속도에 맞췄다면 뒤차와의 거리를 사이드미러로 체크. 방향 지시등을 켜고 옆 차로의 차량이 가속하지 않으면 왼쪽으로 천천히 붙인다.

STEP 3

대각선 앞에 있는 차량의 속도에 맞춘다

대각선 앞에 있는 차량의 속도와 움직임을 확인하면서 고개를 돌려 옆 공간을 체크한다. 또 이륜차가 따라오고 있지는 않은지 사각지대도 확인하자.

STEP 4

공간을 확인한 후 천천히 이동

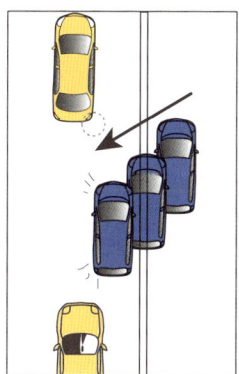

대각선 앞에 있는 차량의 후방에 자기 차의 앞을 맞춘다는 생각으로 천천히 평행이동한다. 절대 핸들을 급히 조작해서는 안 된다.

> **Q 교통량이 많은 큰 도로로 진입할 때 타이밍 맞추기가 어려워요.**

> **A 차체의 전방을 조금 밀어 넣어서 흐름이 끊기는 부분을 노립니다.**

좁은 도로에서 교통량이 많은 큰 도로로 나갈 때 신호가 없다면 좀처럼 진입하기가 쉽지 않습니다. 차량을 세우고 상황을 살핍시다. 그리고 정지선에서 조금씩 나오면서 차량 통행에 지장이 없는 위치에서 다시 정지합니다. 통행하는 차량들을 살피면서 교통 흐름이 끊기는 순간을 기다려 차간거리가 충분하면 신속히 큰 도로로 진입합니다. 이때의 판단 기준은 교차로에서 좌회전 시(60쪽)를 참조합니다.

단, 좌회전은 한 가지 사항만 주의하면 되지만 이 경우는 감속 없이 달려오는 차량을 피해서 끼어들어야 합니다. '빈 공간에 진입했으니 이제 괜찮다'가 아니라 곧장 가속해야 한다는 의미입니다. 자기 차가 큰 도로의 흐름에 맞출 수 있는 시간적 여유도 고려해서 판단해야 합니다. 그렇지 않으면 큰 도로의 차량이 급브레이크를 밟아야 하는 상황이 초래되기 때문입니다.

교통 흐름이 끊기지 않더라도 초조해하지 말고 기다려야 합니다. 끊기는 순간은 반드시 옵니다. 도저히 그 순간이 오지 않는 도로라면 반드시 신호가 설치되어 있습니다. 특히 뒤 따르는 차가 없다면 천천히 기다리도록 합시다. 큰 도로가 정체 중이라면 가볍게 인사를 하면서 양보를 요청하는 방법도 좋습니다.

STEP 1

방향 지시등을 켜고 일시 정지

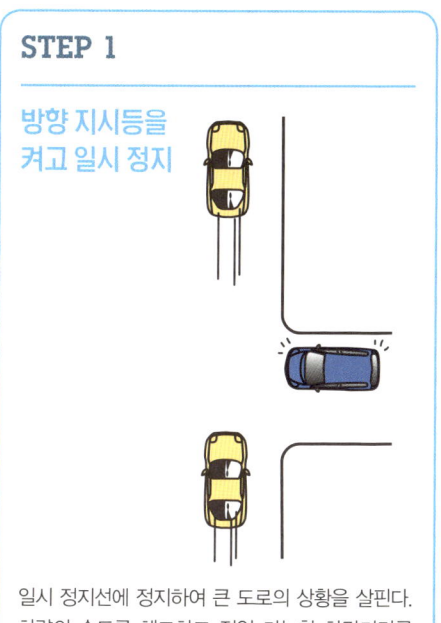

일시 정지선에 정지하여 큰 도로의 상황을 살핀다. 차량의 속도를 체크하고 진입 가능한 차간거리를 예측한다.

STEP 2

교통 흐름에 방해가 되지 않는 수준으로 전진

차 앞쪽을 조금씩 밀어 넣어 큰 도로의 차량에게 진입을 알린다. 교통 흐름에 방해가 되지 않을 정도가 좋다.

STEP 3

차간거리가 충분한 타이밍을 노린다

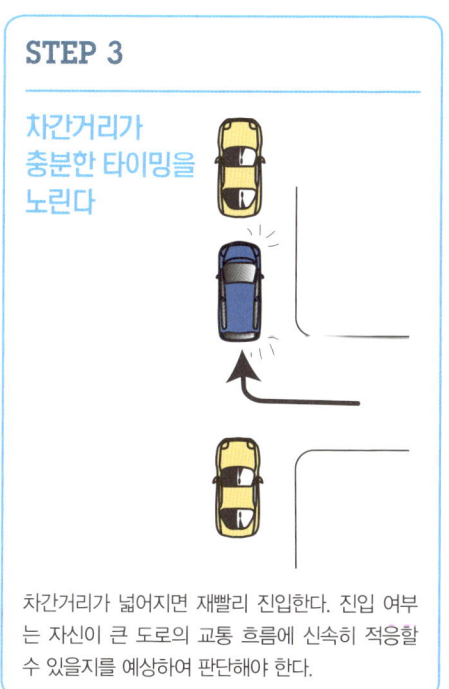

차간거리가 넓어지면 재빨리 진입한다. 진입 여부는 자신이 큰 도로의 교통 흐름에 신속히 적응할 수 있을지를 예상하여 판단해야 한다.

주의!
오른쪽 방향 지시등만으로 판단하지 않는다

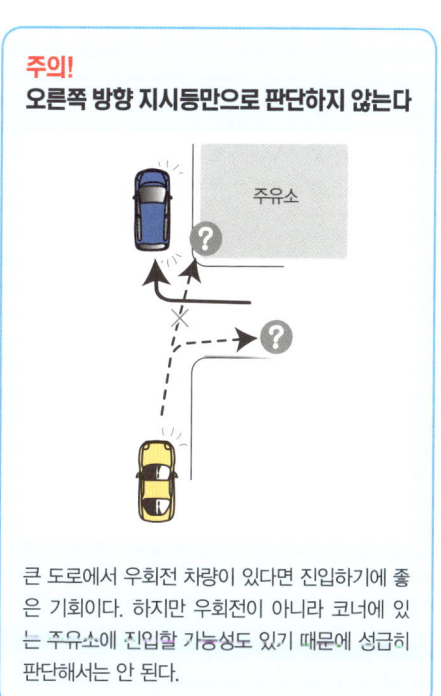

큰 도로에서 우회전 차량이 있다면 진입하기에 좋은 기회이다. 하지만 우회전이 아니라 코너에 있는 주유소에 진입할 가능성도 있기 때문에 성급히 판단해서는 안 된다.

적절한 차간거리가 어느 정도인지 아직 감이 안 와요.

 배운 대로 차간거리를 유지하기는 쉽지 않습니다.

운전자가 위험을 인지한 후 실제 차가 멈출 때까지의 거리를 정지거리라고 합니다. 차간거리를 정지거리 이상으로 두지 않으면 앞차가 급브레이크를 밟았을 때 추돌할 수도 있습니다. 또 비로 도로가 젖었거나 운전자의 피로도가 높은 상태라면 차간거리를 더욱 넉넉히 유지해야 합니다. 그렇기 때문에 안전 전문가들은 시속 40km는 40m, 시속 50km는 50m 정도로 차간거리를 유지해야 한다고 말합니다.

하지만 시내 도로에서 시속 50km로 주행하면서 50m 이상 차간거리를 확보하기란 거의 불가능합니다. 확보하더라도 다른 차들이 계속 끼어들 것입니다. 그러므로 현실적이지 못한 수치입니다. 다만 초보자의 정지거리는 숙련자보다 길기 때문에 주의하도록 합시다.

71쪽에서 거리를 가늠하는 방법을 설명하겠습니다만 정확한 거리가 중요한 게 아니라 '앞차가 급정차했을 때 추돌하지 않고 무사히 멈출 수 있는가'가 중요합니다.

아직 익숙하지 않다면 기본적으로 차간거리를 넉넉히 유지하면서 주행하고 교통신호 상황에 따라 밀착하거나 집중력이 떨어졌다면 좀 더 차간거리를 벌려야 합니다. 이처럼 상황에 맞는 대처 능력이 중요합니다.

적절한 차간거리

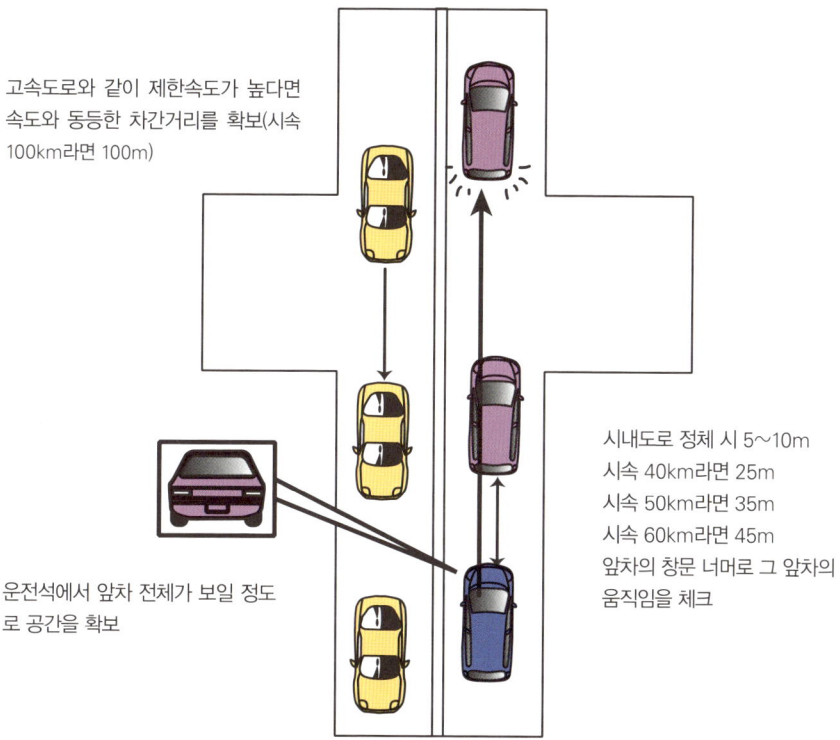

고속도로와 같이 제한속도가 높다면 속도와 동등한 차간거리를 확보(시속 100km라면 100m)

시내도로 정체 시 5~10m
시속 40km라면 25m
시속 50km라면 35m
시속 60km라면 45m
앞차의 창문 너머로 그 앞차의 움직임을 체크

운전석에서 앞차 전체가 보일 정도로 공간을 확보

다음을 이용하여 거리를 가늠하자

차체 길이(전장)는?

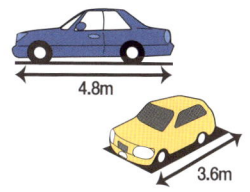

경차의 전장은 3.6m 이하이며 차종에 따라 다르지만 중형차는 보통 4.8m 내외이다.

일반 도로에서는?

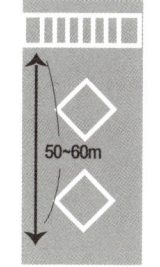

횡단보도 앞 50~60m에 표시가 있다.

고속도로에서는?

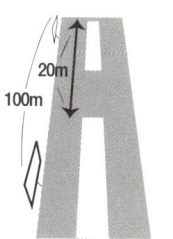

고속도로에는 안전을 위해 차간거리를 표시해 두기도 한다. 또 차로의 흰색 선 5개를 합친 거리가 100m이다. 하지만 이것에 주목하느라 앞차를 놓칠 수 있으니 주의하자.

> **Q. 표지판이 여러 개 있으면 뭘 봐야 할지 헷갈려요.**

**A. 중요 금지 사항은 없는지,
우선순위가 높은 것부터 체크합시다.**

한국의 도로 표지판은 다음과 같은 이유로 상당히 불편합니다.

① 관리자가 다른 표지판이 혼재되어 있다.
② 설치 위치나 간격, 방향 등이 부적절하다.
③ 여러 개의 표지판이 동시에 있다.

도로표지에는 '규제표지' '지시표지' '주의표지' '경계표지' 등이 있습니다만 규제표지와 지시표지, 주의표지는 경찰청의 관할이고 안내표지와 경계표지는 도로 관리자(국토교통부 또는 지방자치단체)가 관할합니다. 즉, ①의 상황임에도 각 부서의 연계가 원활하지 않아 운전자에게 모순된 정보를 제공하기도 합니다.

또 실제로 ②, ③과 같은 이유로 인해 불편함을 호소하는 운전자가 많습니다. 바로 개선될 수 있는 문제가 아니니 일단은 스스로 주의할 수밖에 없습니다.

특히 순간적으로 모든 표지판을 읽을 수 없다면 사고나 위반에 직결되는 '규제표지'를 중심으로 체크합시다. 예를 들어 먼저 대개 붉은색인 '통행 금지' '일시 정지' '최고 속도 제한' 등을 체크합니다. 다음으로 '보조표지'가 있다면 자신에게 해당되는 사항인지 추가로 확인합니다. 하지만 초보자라면 혼란스럽기만 합니다. 어쨌든 먼저 익숙해지는 게 우선입니다. 초조해하지 말고 주위 차량에 주의하며 판단하도록 합시다.

우선순위가 높은 것부터 체크하자

1 금지 사항을 먼저 확인

사고를 유발할 수 있는 표지판부터 확인. '규제표지' 중에 특히 붉은색 표지판은 요주의.

2 차종이나 시간대 등을 확인

'보조표지'의 경우 차종이나 시간대 금지 등을 확인. 자주 가는 길이라면 기억해두자.

3 그 외 표지판 확인

'규제표지'와 '보조표지'를 확인한 후 여유가 있다면 '주의표지' 등도 체크. 물론 '주의표시'노 중요하지만 우선순위가 낮다.

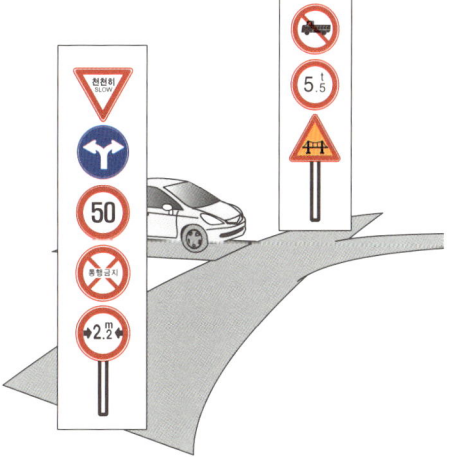

많은 표지판이 한 번에 표시되어 있나면 붉은색인 '규제표지'를 먼저 체크하자.

보행자나 자전거는 주로 어디서 조심해야 할까요?

 상점가 도로에 정차 중인 차량의 앞뒤를 주의합시다.

보행자나 자전거가 무서운 이유는 갑자기 튀어나오거나 진로 변경을 하기 때문입니다. 이 뿐만 아니라 대개 '차가 비켜주겠지' '차가 멈추는 게 당연해'라고 생각한다는 점도 간과할 수 없습니다.

자전거는 속도가 빠르고 휘청거리거나 차도 쪽으로 넘어지는 경우도 있습니다. 특히 아이들은 놀다가 주변을 살피지 않고 뛰어들기도 합니다. 하지만 이런 경우라도 차가 주의하면서 주행해야 합니다. 자동차 전용 도로 이외에 어떤 장소에서든 이러한 돌발 상황이 일어날 수 있습니다. 물론 주택가나 상점가, 번화가 등 좁고 보행자가 많은 도로에서는 특히 조심해야 합니다.

주택가처럼 좁은 도로에서 보행자나 자전거가 튀어나올 수 있음을 늘 염두에 두는 운전 습관이 중요합니다. 물론 주행에 적합한 길이 아니므로 당연히 감속해야 합니다. 상황에 따라서는 브레이크 페달 위에 발을 올려놓고 주행하는 편이 좋을 수도 있습니다. 좁은 도로에서는 지나가게 해줘서 감사하다는 마음가짐으로 주행하면 한결 마음이 편안합니다.

상점가나 번화가는 길가에 주차한 차량 때문에 도로 폭이 좁아서 마주 오는 차량에만 집중하기 마련입니다. 하지만 주차된 차량의 앞뒤에서 보행자가 튀어나올 수도 있으니 항상 유념합시다. 버스나 택시의 진로 변경이나 승하차하는 승객에도 주의해야 합니다.

바쁠 때 여유를 갖고 운전하기는 쉽지 않지만 주택가나 상점가는 그리 길지 않기 때문에 초조해하지 말고 천천히 주행합시다.

상점가·번화가·주택가는 위험하다?

아이가 뛰어들지 않는지 주의하자. 갑자기 튀어나올 수 있기 때문에 아이를 발견하면 감속한다. 좁은 공간을 요리조리 빠져나오는 오토바이나 자전거도 조심해야 하며 버스 승객이나 차에서 내리는 사람도 주의해야 한다.

보도에 서 있는 보행자도 주의

길가의 보행자가 택시를 기다리고 있다면 왼쪽에서 택시가 갑자기 끼어들 수 있다. 이런 보행자를 발견한다면 주의하자.

발생할 상황을 예측

일단 최악의 상황을 상정하고 항상 정지할 수 있도록 준비하자. 즉, '예측 운전'(예지 운전)이 필요하다.

비 오는 날 운전할 때 주의해야 할 점은 뭔가요?

 일단 감속 운전이 중요하며 급브레이크는 삼갑시다.

비 오는 날에는 평소보다 신중히 운전해야 합니다. 우천 시 운전이 위험한 이유는 다음과 같습니다.

① 운전자의 시야가 나쁘다.
② 미끄러지기 쉽다.
③ 보행자의 시야가 우산으로 가려진다.

①은 당연한 말이지만 구체적인 원인으로는 '앞 유리나 미러의 빗방울' '빗방울로 인해 난반사되는 주변 차량의 불빛' '주변 차량의 물 튀김' '흐려지는 창문' 등을 들 수 있습니다.

창문이 흐려지면 디프로스터(defroster. 서리 제거 장치)로 제거할 수 있지만(170쪽 참조) 빗방울이나 물 튀김은 와이퍼의 속도를 조절하여 대처할 수밖에 없습니다. 비가 오면 주변 차량이나 보행자가 잘 보이지 않으니 충분히 주의해야 합니다.

②는 특히 공사용 철판이나 도로의 흰색 선 위를 달릴 때 일어나기 쉽습니다. 철판 위에서 브레이크를 밟을 때는 세심한 주의가 필요합니다. 물론 일반적인 아스팔트 도로를 주행할 때도 급브레이크나 급핸들은 차량이 미끄러질 수 있으니 조심해야 합니다.

③은 보행자가 차를 발견하지 못하고 뛰어나올 수 있다는 의미입니다. 또 빗소리 때문에 차량 주행음이 잘 들리지 않기도 합니다.

우천 시 운전은 감속하고, 차간거리를 확보하며, 급브레이크나 급핸들 조작은 삼가야 합니다. 그리고 평소보다 세심하게 주위를 살펴야 합니다. 아래의 각 항목을 참조합니다.

주행 전에 확인해야 할 사항

특히 중요한 체크포인트
- 배터리와 브레이크 오일
- 와이퍼의 작동
- 디프로스터의 작동
- 전조등 점등
- 브레이크 작동

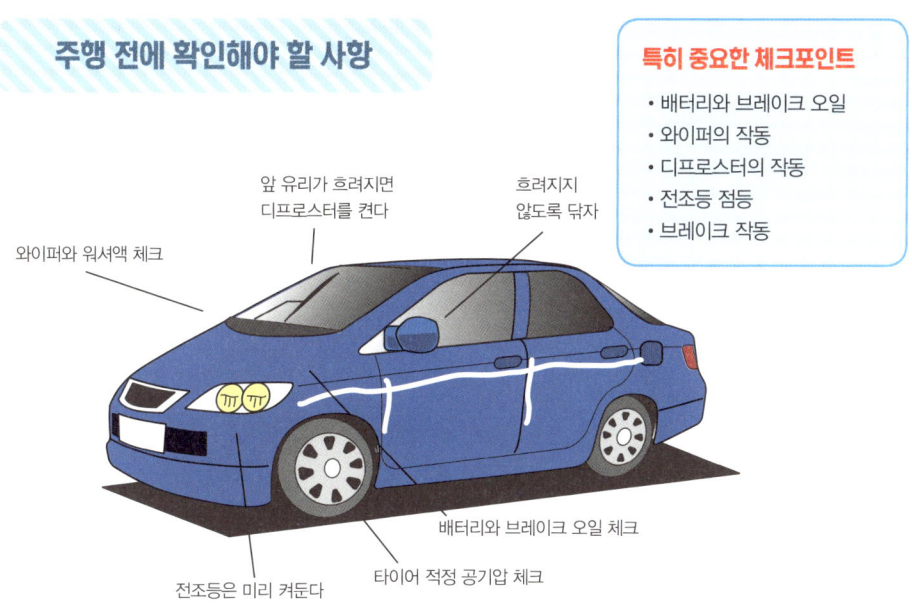

앞 유리가 흐려지면 디프로스터를 켠다(대개 에어컨도 같이 켠다). 뒤 유리가 흐려지면 리어 디프로스터를 켠다. 스위치의 위치는 차량 취급 설명서를 참조하자.

차간거리와 속도에 주의

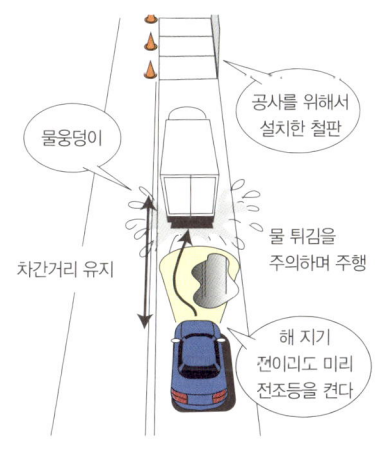

급조작은 금물

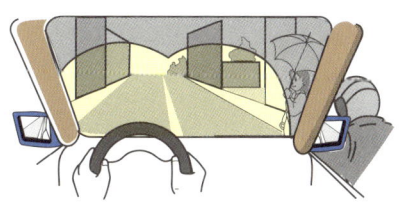

우천 시 급브레이크나 급핸들 조작은 차량의 미끄러짐으로 이어진다. 이를 방지하기 위해서는 여유 있게 상황을 예측하며 운전해야 한다. 사각지대도 많아지기 때문에 충분히 확인하고 감속 주행한다.

77

> **Q. 야간 운전이 두려운데 무엇을 조심해야 할까요?**

A 헤드라이트로도 식별하기 어려운 보행자를 주의합시다.

야간 운전은 주변이 어둡기 때문에 두렵고 무서운 게 당연합니다. 하지만 무작정 두려워하기보다는 어떤 상황일 때 무엇이 잘 보이지 않는지를 살펴보고 그 점을 주의하면 됩니다.

먼저 라이트를 켜지 않은 자전거나 어두운 색의 옷을 입은 보행자 등은 상당히 식별하기 어렵습니다. 자전거에 반사판이 붙어 있더라도 헤드라이트(전조등)가 비치는 각도에서 조금이라도 벗어나면 잘 보이지 않습니다.

특히 가로등이 충분하지 않은 주택가는 길가로 걸어가는 보행자도 잘 보이지 않습니다. 가능한 한 도로 중앙으로 치우쳐 주행하고 헤드라이트는 상향등에 맞춥시다. 만약 앞선 차량이나 마주 오는 차량이 있다면 상대가 눈부실 수 있으니 상향등을 꺼야 합니다. 반대로 마주 오는 차량이 상향등이라면 그 불빛을 주시하지 말고 살짝 시선을 피합니다. 이는 마주 오는 차량의 불빛 탓에 순간적으로 전방이 보이지 않는 '현혹 현상'을 피하기 위함입니다. 이 방법으로 자기 차와 상대 차의 헤드라이트 불빛이 교차하면서 순간적으로 보행자가 보이지 않는 '증발 현상'도 피할 수 있습니다. 물론 이렇게 한다고 해서 보행자가 선명히 보이지는 않습니다.

헤드라이트는 주변을 밝힐 뿐만 아니라 자신을 알리는 의미도 있습니다. 특히 해 질 무렵에는 아직 헤드라이트를 켤 필요가 없다고 생각하지만 미리 헤드라이트를 켜는 습관이 좋습니다. 같은 이유로 야간에 신호를 기다릴 때도 헤드라이트를 끌 필요가 없습니다. 밤에는 무조건 자신이 여기 있다는 사실을 알립시다.

보행자나 동물에 주의

보행자는 헤드라이트가 잘 보이지만 운전자는 빛이 비치는 곳만 밝게 보기 때문에 보행자를 놓치는 경우도 있다.

다른 차의 헤드라이트에 주의

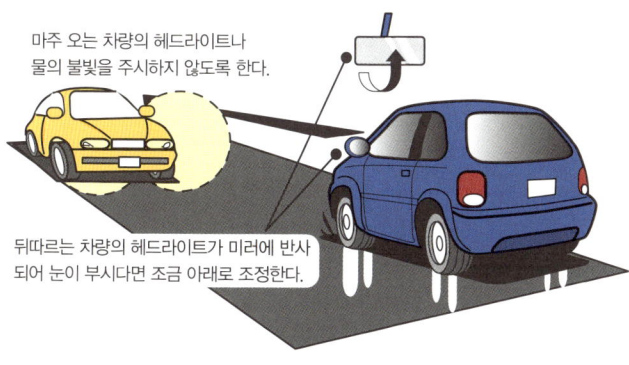

마주 오는 차량의 헤드라이트나 물의 불빛을 주시하지 않도록 한다.

뒤따르는 차량의 헤드라이트가 미러에 반사되어 눈이 부시다면 조금 아래로 조정한다.

다른 차의 헤드라이트를 직접 보면 순간적으로 동공이 줄어들어 갑자기 주변이 보이지 않는다. 마주 오는 차량의 헤드라이트를 직접 보지 않도록 시선을 살짝 돌린다. 뒤따르는 차량이 있다면 헤드라이트가 사이드미러에 반사될 수 있으므로 미러의 각도를 조금 조정한다.

상향등으로 자신을 알린다

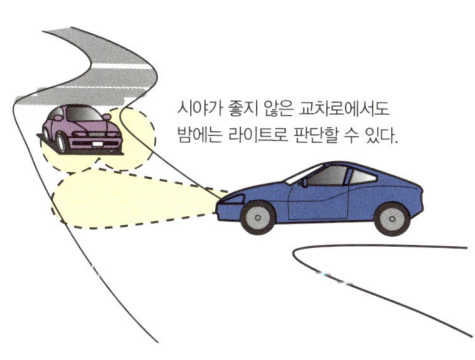

시야가 좋지 않은 교차로에서도 밤에는 라이트로 판단할 수 있다.

어두운 도로나 커브가 많은 곳에서는 상향등으로 멀리까지 볼 수 있고 자기 차의 존재도 알릴 수 있다. 단, 마주 오는 차량이 없을 때만 사용한다. 상향등은 라이팅 스위치 레버 전체를 앞쪽으로 밀어서 켠다(당기는 방식도 있다).

Q. 비 오는 밤은 비 오는 낮이나 맑은 밤과 어떻게 다른가요?

A 중앙선이 잘 보이지 않을 때도 있습니다.

비 오는 밤의 운전은 '비 오는 낮'이나 '비 오지 않는 밤'에 비해 훨씬 더 위험합니다. 창문에 맺힌 빗방울 때문에 마주 오는 차의 불빛이 난반사된다고 앞서 설명했지만, 비 오는 밤에는 특히 이런 난반사에 주의해야 합니다. 주변에 뭐가 있는지 식별하기 어려우며 게다가 '증발 현상'이 심해져서 보행자도 잘 보이지 않습니다. 다음과 같이 대처합니다.

① 마주 오는 차량의 라이트가 눈부시다면 시선을 피합니다.
② 빗방울이 많이 맺히지 않도록 와이퍼 정비를 게을리하지 않고 강우량에 따라 적절한 속도로 와이퍼를 작동시킵니다.

물론 이것으로 모든 문제가 해결되지는 않습니다. 주택가나 상점가의 횡단보도 근처에는 '언제나 보행자나 자전거가 있다'는 마음가짐으로 운전해야 합니다.

비 오는 밤에는 중앙선이나 정지선처럼 페인트로 칠해진 부분도 잘 보이지 않습니다. 신호나 도로 표지판 등을 살피면서 '여기에 정지선이 있겠다'고 예측하며 주행합니다.

중앙선을 식별할 수 없다면 앞선 차량을 참고하여 뒤따라가는 방법도 좋습니다. 물론 차간거리는 충분히 두어야 합니다. 그리고 테일램프만 보지 말고 다른 주변 상황도 잘 살펴야 합니다. 안개 낀 날이나 시야가 좋지 못할 때도 이런 식으로 운전합니다.

가장 식별하기 어려운 상황

어두운 교차로는 요주의. 다른 차량이나 보행자가 없는지 확실히 확인한다. 차 그늘에 가린 이륜차도 잘 보이지 않는다.

앞차를 뒤따르는 주행

중앙선이 잘 보이지 않기 때문에 앞에 차가 있으면 뒤따라 주행하는 것이 좋다.

Q 눈 오는 날이나 도로에 눈이 쌓였을 때 미끄러질까 봐 걱정스러워요.

A 준비가 안 됐다면 운전을 삼갑시다.

눈에 익숙한 지역이 있고 조금만 내려도 신기해하는 지역도 있습니다. 당연한 말이지만 눈이 잘 오지 않는 지역에 눈이 내리면 그 지역의 운전자들은 더욱 위험합니다. 눈 오는 날의 주요 사고 원인은 다음과 같습니다.

① 준비 부족
② 운전 경험 부족(기술과 지식)
③ 눈을 두려워하지 않고 장비를 과신

①과 관련해서는 스터드리스 타이어(studless tire)나 타이어체인을 장착해야 합니다. 눈길에서 브레이크를 걸면 일반 타이어는 옆으로 미끄러지거나 언덕길을 오르지 못해 오도 가도 못하는 상황이 벌어질 수 있습니다.

②는 실제 경험을 통한 기술 습득이 무엇보다도 중요합니다. 관련 지식은 83쪽을 참조합시다.

③을 가장 조심해야 합니다. 준비와 경험이 부족한데 두려움 없이 평소 운전하듯이 주행하다가는 결국 큰 위험을 초래합니다. 눈 쌓인 도로에서는 운전자의 상상 이상으로 잘 미끄러집니다. 또 눈에 강하다는 4WD 차나 ABS 탑재 차량의 사고율이 제법 높다는 사실을 생각한다면 장비를 과신하는 일이 얼마나 위험한지 알 수 있습니다.

준비가 안 되어 있는데 눈이 온다면 다른 교통수단을 이용합시다. 운전 중 눈이 내린다면 가까운 주차장에 차를 맡기는 방법도 요령입니다. 다음에 차를 찾으러 가는 일은 귀찮지만 무리한 운행으로 사고가 나는 것보다는 낫습니다.

눈 오는 날 주의점
- 스터드리스 타이어나 체인 사용
- 서행
- 핸들은 꽉 잡고 미세하게 조정
- 급브레이크, 급핸들 조작은 금지
- D레인지가 아니라 2레인지나 L 레인지로 주행

빙판길에 주의
그늘진 곳은 빙판 상태
급브레이크나 급핸들 조작 금지
바퀴 자국을 벗어날 때는 핸들을 놓치지 않도록 서행한다.

바퀴 자국을 따라 주행
미리 체인을 장착하고 시야가 나쁘다면 낮이라도 헤드라이트를 켠다.

눈 오는 날에 적합한 타이어

❖ 타이어 종류나 타이어 교환 시 리프트 잭 사용법은 174~176쪽을 참조한다.

체인
금속제와 고무제가 있다. 트렁크에 넣어두자. 눈이 없는 도로에는 부적절하기 때문에 매번 탈착하기 번거롭지만 가끔 스키 타러 갈 때나 갑자기 눈이 내리는 날에 편리하다.

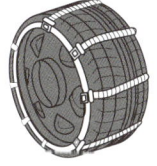

스터드리스 타이어
스파이크 타이어가 도로 파손의 원인이라는 이유로 금지된 후 동계용 타이어로 자리 잡았다. 일반 도로에서도 주행할 수 있고 겨울절에는 눈이 안 오더라도 장착한 상태로 운행하기도 한다.

안개 낀 날은 주변이 안 보여 무서워요.

 앞차 뒤를 따라 서행합시다.

산간 지역을 달리다 보면 갑자기 안개가 끼기도 합니다. 짙은 안개는 시야를 완전히 가리기 때문에 헤드라이트를 켜도 잘 보이지 않아 여간 위험하지 않습니다. 다음은 안개 낀 날 주행 시 대책입니다.

① 헤드라이트는 하향등
② 서행
③ 앞차 뒤를 따름
④ 안개가 걷힐 때까지 대기

①처럼 하향등으로 헤드라이트를 켜는 것은 도로를 잘 보기 위해서라기보다는 자기 차의 존재를 알리는 데 목적이 있습니다. 멀리 보이지 않아서 무섭다고 상향등을 켜는 운전자도 있습니다만 그러면 오히려 더 잘 보이지 않습니다. 반드시 하향등을 켜야 합니다. 안개등이 있는 차량이라면 그것도 동시에 켭니다.

②는 중앙선을 살펴보면서 초조해하지 말고 천천히 주행합니다. 뒤 차량이 신경 쓰인다면 도로를 양보하고 먼저 보내면 됩니다.

③은 앞에 다른 차가 있는 경우입니다. 앞차의 테일램프를 보면서 천천히 뒤따라갑니다. 단, 지나치게 의존해서는 안 되며 앞차가 실수할 수도 있으므로 주의를 기울여야 합니

다. 그리고 ④가 가장 중요합니다. 대기할 만한 안전한 장소에 차를 세우고 안개가 걷히기를 기다립니다. 급한 일이 있더라도 서두르는 운전은 사고와 직결됩니다. 기상 상황이 안 좋다면 신중하게 대처해야 합니다.

산에서 내려오는 차량에 주의

산간 도로로 진입한다면 산 쪽에서 내려오는 차량의 라이트를 보고 안개가 꼈는지 판단한다. 안개가 걷힐 때까지 기다리거나 우회 도로가 있다면 산간 도로는 피한다.

안개 때문에 커브길이 직선도로로 보일 수 있다. 도로 표지판을 면밀히 살펴보자.

마주 오는 차량의 라이트가 켜져 있다면 안개가 꼈고, 차체가 젖었다면 비가 내린다고 판단한다.

앞차를 뒤따라 주행

앞차의 테일램프에 의지하며 주행한다. 차간거리는 충분히 유지하고 중앙선도 잘 살펴봐야 한다.

헤드라이트는 하향등

헤드라이트는 필수이지만 상향등은 금지. 자신도 잘 보이지 않고 마주 오는 차량도 위험하다.

안개가 걷힐 때까지 대기

중앙선이 보이지 않을 정도로 안개가 짙다면 안개가 걷힐 때까지 안전한 장소에서 기다리자.

Q. 산간 도로의 커브길에서 안전하게 운전하는 방법을 알려주세요.

A. 바깥쪽에서 들어가고 안쪽에서 나오는 주행이 기본입니다.

산간 도로는 까다로운 커브길이 수없이 연결되어 있습니다. 커브를 만나면 일단 감속해야 합니다. 커브를 돌다가 브레이크를 밟으면 미끄러지기 쉽고 뒤차에도 위협적입니다. 그리고 커브길의 중간부터 가속페달을 밟습니다. 이런 주행법은 산간 도로뿐만 아니라 모든 커브길에 해당됩니다.

또 커브길에서는 마주 오는 차가 중앙선을 침범할 수도 있습니다. 특히 오른쪽으로 꺾이는 커브길에서는 마주 오는 차를 더욱 주의합시다.

AT차는 변속 레버를 D레인지에 두면 자동으로 알맞은 기어비를 찾아 주행합니다. 하지만 2레인지에 두면 경사도가 심한 오르막길에서 갑작스러운 변속으로 차량이 덜컹거리는 것을 피할 수 있습니다.

산간 도로에서는 내리막길을 가장 주의해야 합니다. 내리막일 때 풋 브레이크를 많이 사용하면 브레이크가 잘 걸리지 않게 됩니다.❖ 이런 현상을 방지하기 위해 엔진 브레이크를 활용해야 합니다. 엔진 브레이크란 가속페달을 밟는 힘을 줄여 자연스럽게 감속하는 주행법을 말합니다. 기어를 저단에 둘수록 효과적입니다. 긴 내리막길에서는 변속 레버를 2레인지나 L레인지에 두고 풋 브레이크 사용은 최소화합시다.

❖ 풋 브레이크를 장시간 사용하면 브레이크 패드가 가열되어 제동력이 떨어지는 '페이드' 현상이 일어나 위험해질 수 있습니다. 또 브레이크 오일에 생긴 기포가 브레이크 페달의 압력을 흡수해 제동력이 떨어지는 '베이퍼 록' 현상도 유발합니다.

커브길에서는 아웃인, 인아웃

커브길에서는 주행 라인이 중요하다. 보통 '아웃인, 인아웃'이라고 말한다. 커브의 바깥쪽에서 진입하여 커브의 안쪽에서 빠져나온다는 의미이다. 이를 통해 커브길을 부드럽게 주행할 수 있다.

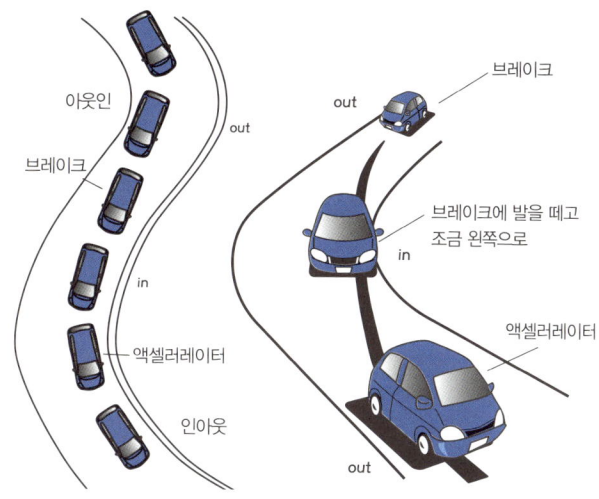

좁은 길에서는 마주 오는 차량도 주의

트럭처럼 대형차는 커브길이 좁다면 중앙선을 침범하는 경우도 있기 때문에 기다렸다가 트럭이 지나간 뒤 커브길로 진입하자. 또 1차로의 오르막길에서는 올라가는 차량이 우선이다. 하지만 자신 쪽에 피할 공간이 있다면 내려오는 차량이 지나간 뒤 운행하는 편이 좋다.

풋 브레이크 장시간 사용 금지

풋 브레이크를 많이 사용해야 한다면 저속 기어로 바꾸자. 예를 들어 직선 내리막이 길게 이어진 길에서는 브레이크를 여러 번 나누어 밟아 줄 필요가 있는데, 이때 저속 기어로 바꾸어 주행하는 게 좋다. 커브 직전에 브레이크를 밟는 정도는 괜찮다.

Drive Talk

오른쪽 핸들 차량은 불편하다?

● 요금소나 자동 발권기에서 불편하다

고속도로의 요금소나 자동 발권기, 각종 드라이브스루는 왼쪽 핸들 차량을 기준으로 설치하기 때문에 요금을 지불할 때 손이 닿지 않는 불편이 있다.

● 왼쪽 확인이 어렵다

추월 시 앞에 차량이 있으면 왼쪽이 잘 보이지 않는다. 대신에 오른쪽은 잘 보이기 때문에 평행 주차는 편하다.

오른쪽 핸들 차의 운전은 왼쪽 핸들 차와 많이 다르다. 먼저 방향 지시등과 라이트의 스위치가 반대다. 변속 레버나 사이드 브레이크가 왼쪽에 있다. 또 오른쪽은 잘 보이지만 왼쪽을 확인하기에 용이하지 않다. 오른쪽 벽에 바짝 붙여 정차했을 때 운전자가 내리거나 탈 수가 없다.

3장

[실천!
드라이브 갑시다]

운전을 잘하기 위해서는 무엇보다 익숙해지는 게 가장 중요합니다. 집 주변부터 시작해서 먼 곳까지 거리를 늘여가며 주행 연습을 해봅시다. 당황하지 않도록 미리 지도를 보거나 자전거로 길을 익힌 후 도로로 나가는 방법도 좋습니다.

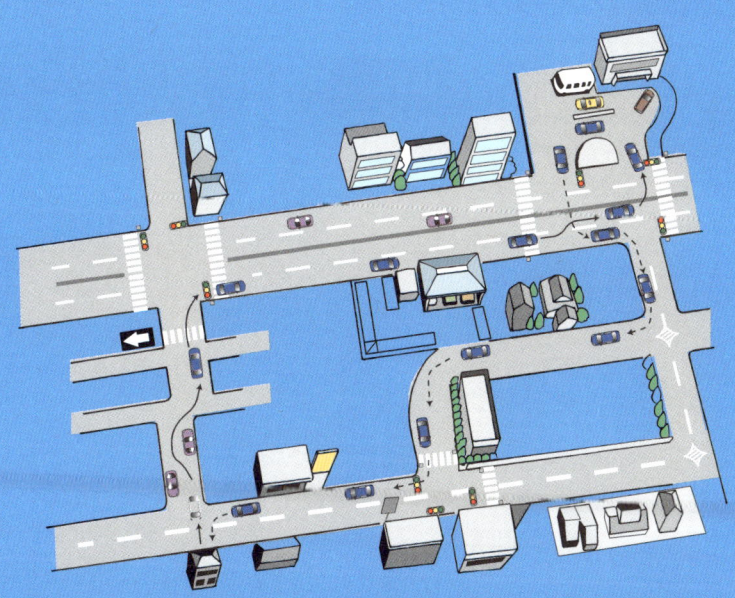

Lesson 1   집 근처 도로에서 연습하기

누구나 처음에는 혼자서 연습하기가 두렵습니다. 먼저 집 근처에서 연습해봅시다. 자주 이용하는 장소를 중심으로 코스를 만들어 가능하면 하루에 한 번은 주행합니다. 좌회전보다는 우회전이 편하기 때문에 우회전 위주의 코스를 만드는 게 좋습니다. 걷거나 자전거를 이용하여 미리 코스를 돌아보며 '여기는 일시 정지구나' '여기는 미리 차로 변경을 해둬야 해' 등 주요 사항을 메모하고 시뮬레이션해보는 것도 크게 도움이 됩니다.

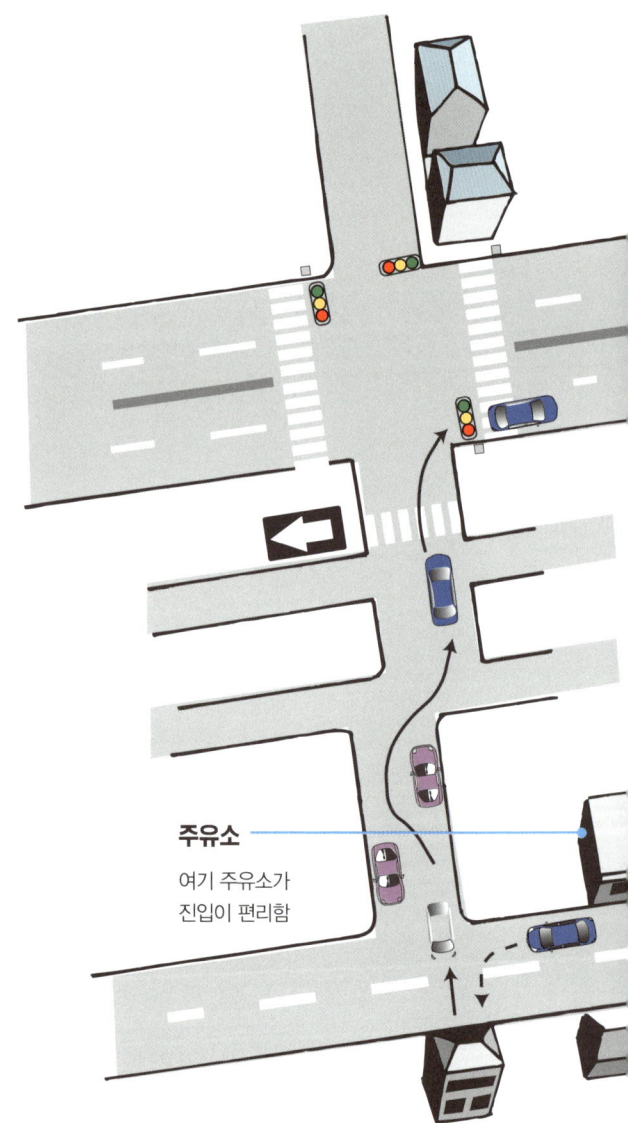

주유소
여기 주유소가 진입이 편리함

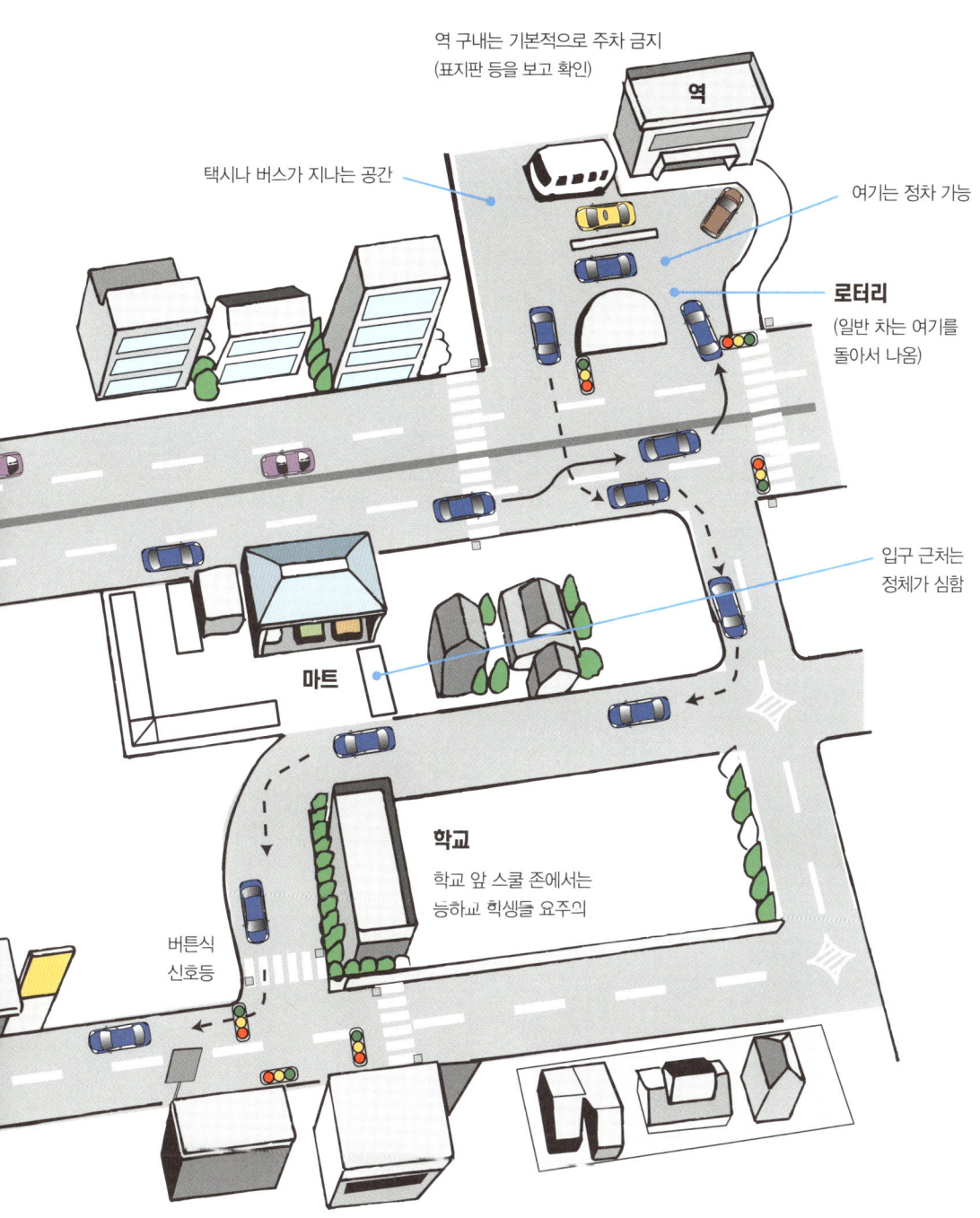

Lesson 2　충분히 준비해서 멀리까지 나가보자

집 근처가 익숙해지면 조금씩 주행 반경을 넓혀봅시다. 고속도로를 이용한다면 지도를 이용하여 운행 경로상 주의점을 적어두면 안심입니다.

'고속도로의 출입구명' '교차로명' '기준이 될 만한 건물' '일방통행로' 등을 중심으로 간단히 메모해둡니다. 단, 주행 중에 메모하면 사고의 원인이 될 수 있으니 주의합시다.

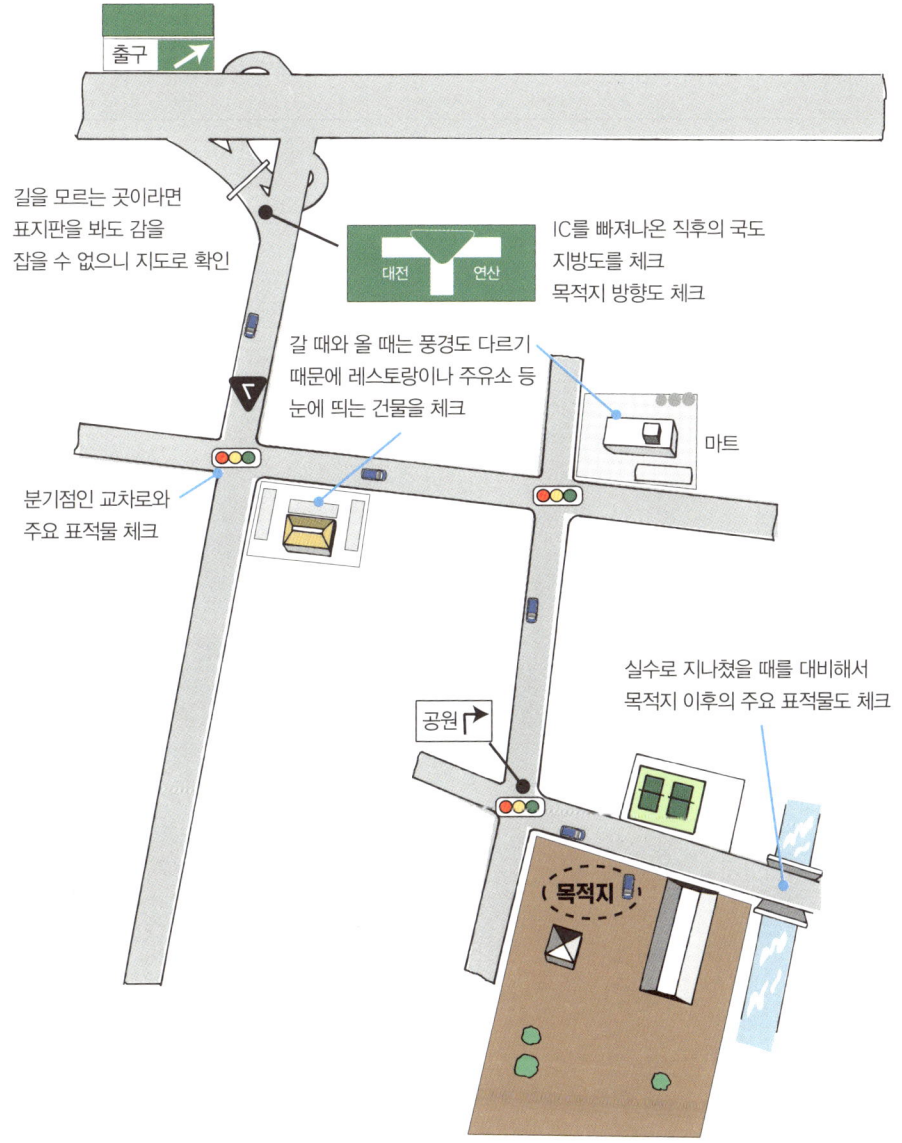

❖ 92~93쪽의 지도는 상황 묘사를 위한 예시로 특정 지역의 지리 정보를 담고 있지는 않습니다.

93

Lesson 3   지도로 정보 파악하기

지도를 보며 3차원으로 상상해본다

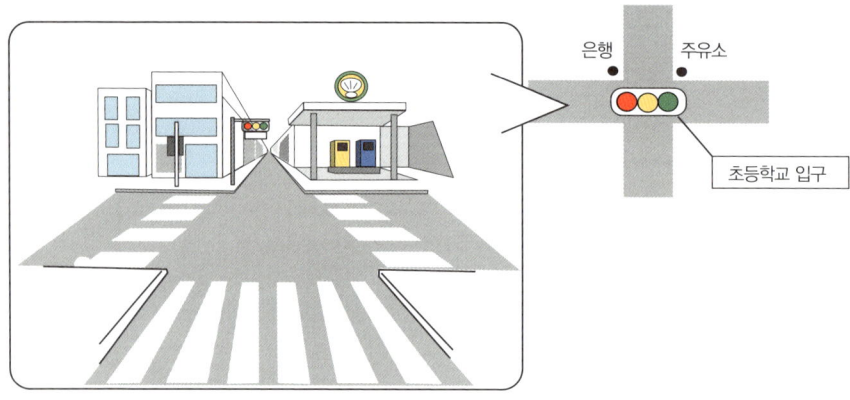

예를 들어 지도에 표시된 교차로 주변의 정보를 보고 실제로 주행하면 어떻게 보일지 상상해본다.

주택가에서 길을 잃었다면 주소를 확인

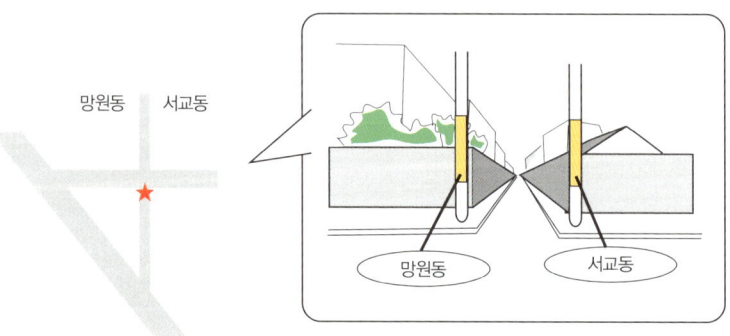

길을 잃었다면 먼저 주변에서 눈에 띄는 건물을 찾자. 주택가에서는 주소나 지번을 확인하면 지도상 현재 위치를 알 수 있다.

지도를 보고 관련 정보를 읽어내는 독도법에 익숙하지 않다면 2차원 지도를 3차원 이미지로 상상해보는 연습을 해봅시다. 그리고 주행 시 현재 위치가 지도상에서 어느 지점인지 찾아보는 연습도 필요합니다. 이는 조수석에서 'ㅇㅇ가 오른쪽에 있고 다음 번에 △△교차로가 있으니까 잘 찾아가고 있어'라는 식으로 지리를 설명할 때 유용합니다. 독도법을 연습해두면 길을 잃더라도 안심입니다.

주요 건물이나 시설명을 확인

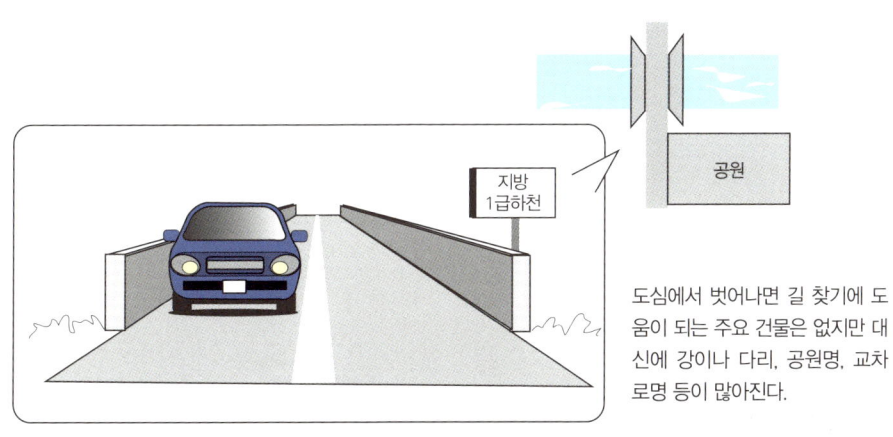

도심에서 벗어나면 길 찾기에 도움이 되는 주요 건물은 없지만 대신에 강이나 다리, 공원명, 교차로명 등이 많아진다.

도로의 모양을 확인

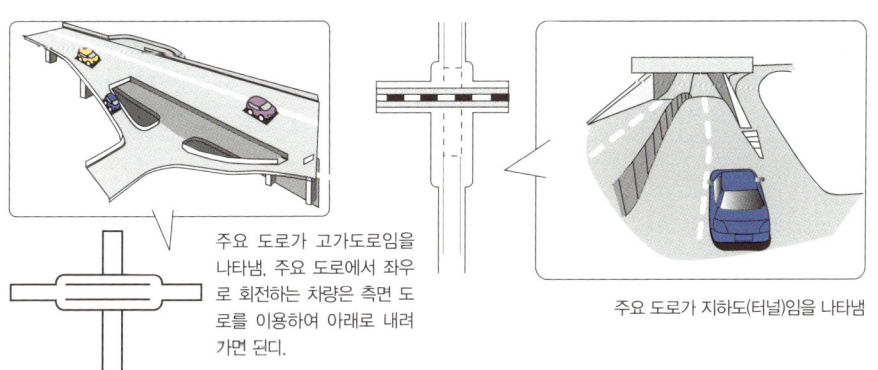

주요 도로가 고가도로임을 나타냄. 주요 도로에서 좌우로 회전하는 차량은 측면 도로를 이용하여 아래로 내려가면 된다.

주요 도로가 지하도(터널)임을 나타냄

지도를 보면 어떻게 생긴 도로인지 상상할 수 있다. 이를 통해 어떤 차로를 이용해야 할지 판단할 수 있다.

자동차 내비게이션의 진화

요즘 내비게이션은 고성능이고 화면도 깔끔하게 잘 보이기 때문에 지도가 불편한 사람에게 큰 도움이 됩니다. 기계치라서 멀리하는 사람도 있지만 조작법도 간편하기 때문에 그리 걱정할 필요가 없습니다. 자동차 내비게이션은 현재 빠른 속도로 발전하고 있습니다. '길을 찾아 안내한다'는 기본적인 기능은 간단히 조작할 수 있고 화면도 알기 쉽게 표시됩니다. 진로 변경을 음성으로 알려주는 제품도 있습니다.

기본 기능 이외에 옵션도 다양하여, 도로의 정체 상황을 확인해 우회도로를 알려주거나 주요 건물과 편의시설 등을 알려주는 기능도 있습니다. 그 외에 카오디오를 조작하거나 DMB를 재생하는 등 오락 기능을 탑재한 제품도 있습니다. 하지만 주행 중 'DMB 시청'은 도로교통법에서 금지하고 있으니 주의하기 바랍니다.

● 깔끔하고 알기 쉬운 화면

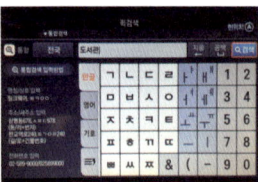
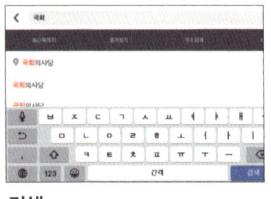

검색
지도 검색뿐만 아니라 '주차장' '영화관' 등도 검색할 수 있다. 지정된 도로에서 벗어나더라도 바로 경로를 재탐색해준다.

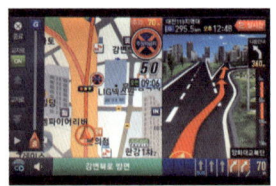

분기 지시
일반 도로의 분기점이나 고속도로 나들목 등이 알기 쉽게 표시된다. 이미지가 실제 모습에 가깝고 입체적으로 구현되기 때문에 알기 쉽다.

다채로운 표시
상세한 2차원 지도뿐만 아니라 건물 형태까지 현실감 있게 표시되는 3D나 조감도로 화면을 변경할 수 있다.

❖ 표시 방법은 기종에 따라 다르다. 여기서 소개한 기능이 없는 기종도 있다.

● 자동차 내비게이션의 주요 종류와 특징

	매립식 내비게이션	거치형 내비게이션
특징	• 매립 공사가 필요 • 대형 모니터 • 하이엔드 모델은 DVD 재생 등 AV 기능도 충실. 압축파일도 이용 가능 • 후진 시 후방 카메라 영상이 모니터되는 기종도 많음	• 흡착 스탠드 등으로 대시보드 위에 간단히 설치 • 포터블이기 때문에 보행 시 휴대할 수 있음 • 일반적으로 모니터가 소형 • 음악이나 동영상 재생은 MP3나 MPEG-4등 압축파일을 이용 • 메모리 카드나 USB 케이블로 컴퓨터에서 검색한 정보를 간단히 설정할 수 있음
지도 데이터 매체	메모리(SSD, 내장 메모리, SD카드 등)	메모리(SSD, 내장 메모리, SD카드, micro SD 카드 등)
용량	8~16GB(내장)	8~16GB(내장)
지도 데이터 갱신	대부분의 제품은 메모리 카드나 USB 케이블로 업데이트 가능	

❖ 이외에도 일부지만 DVD를 볼 수 있거나 포터블 HDD 타입의 제품도 있다.

● 자동차 내비게이션의 장점

① 가장 빠른 길 안내
내비게이션은 실시간으로 교통 정보를 수집해 목적지까지 가장 빨리 갈 수 있는 길을 찾아 운전자에게 안내한다.

② 낯선 길도 친절하게
운전자가 알지 못하는 장소도 친절하게 안내하기 때문에, 내비게이션의 안내만 따르면 초행길도 걱정 없이 운전할 수 있다.

③ 교통 법규 준수를 유도
주행 중인 도로의 제한속도나 사고 다발 지역을 알려준다. 이 덕분에 운전자는 법규를 지키고, 안전한 운전을 계속할 수 있다.

자동차 내비게이션의 단점

고가이기 때문에 도난의 표적이 되기 쉽다. 커버로 가린다고 해결될 문제는 아니다.

화면을 밝게 설정하면 배터리 소모가 많아진다.

불필요한 기능도 많아서 가끔 한심스러울 때도 있다.

Drive Talk

'좀 봐 줘요'라는 요청을 받으면 무엇을 봐야 하나?

● 후진 시 후방에 장해물이 있을 때

후진으로 장해물 바로 앞에까지 가려고 한다면 30~50cm 정도 남은 상태에서 '정지'를 알린다. 운전자가 잘 듣지 못하는 경우도 있기 때문에 차체를 손으로 가볍게 두드리는 것이 좋겠다. 그리고 절대 차가 움직이는 방향에 서 있지 말자. 실수로 액셀러레이터를 밟으면 큰 사고로 이어진다.

● 주변의 다른 차량이 신경 쓰일 때

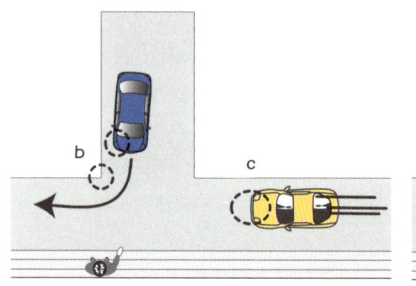

전진 시 유도자는 '차가 도로 귀퉁이에 부딪히지 않는지' '공도로 나올 때까지 다른 차량은 없는지' 등을 체크하자.

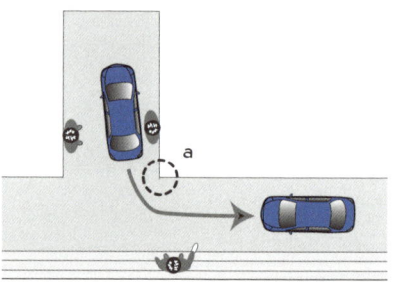

후진 시 유도자는 서 있는 위치에도 주의하자. 운전자가 잘 보이는 곳에서 유도한다. 근처에 접근하는 차량은 없는지도 체크하자.

운전자가 후진할 때 '좀 봐 줘요'라고 하는데 무엇을 봐야 할지 몰라서 당황했던 적은 없나요? 대개 차를 바짝 뒤로 붙이고 싶을 때 이런 요청을 많이 합니다. 또 공도로 나가고 싶을 때라면 다른 차량의 유무를 확인해 달라는 부탁입니다. 이때 유도자의 위치가 중요합니다. 운전자는 유도자의 위치에도 주의합시다.

각종 시설 이용법을 알아보자!

운전 시 주유소나 주차장과 같은 다양한 시설을 이용합니다. 최근에는 셀프 주유소도 생겨 이용법을 모르겠다는 사람도 있습니다. 여기서는 여러 시설을 이용하는 법을 설명하겠습니다.

주유소에 가면 뭘 어떻게 해야 하나요?

 주유구가 오른쪽인지 왼쪽인지 알아둡시다.

처음 혼자 주유소에 갈 때 무슨 말을 해야 할지, 무슨 말을 듣게 될지 몰라서 많이 긴장했다는 사람이 의외로 많습니다.

주유소에 가면 먼저 휘발유 종류와 분량을 말합니다. 휘발유 종류는 대개 일반 휘발유과 고급 휘발유가 있습니다(114쪽 참조). 분량은 가득 채울지 일정량만 넣을지 알려줍니다. "50,000원이요." 또는 "50L 넣어주세요."라고 말하면 됩니다. 지불은 상황에 따라 신용카드나 현금으로 지불합니다.

보통 재떨이나 쓰레기를 버려주거나 창문을 닦는 등의 서비스를 해주기도 합니다만 이 외에도 점원이 이것저것 추천하기도 합니다. 판매가 목적인 경우가 많기 때문에 필요 시 요청하면 됩니다.

'연료탱크 내 수분 제거제' '라디에이터의 녹 제거제' '오일 첨가제' 등은 넣지 않는다고 곧바로 차에 문제가 생기거나 사고로 이어지지 않기 때문에 필요 없다면 굳이 넣을 이유는 없습니다.

단골 주유소에 정비소가 있다면 타이어 공기압을 가끔 체크해서 평소에 적정한 상태를 유지하도록 합시다. 공기압에 문제가 있다면 사고로 이어질 수 있습니다.

오일 교환 주기는 주행거리 5,000km 정도가 적당하지만 최근에는 그 이상 주행해도 문제없는 차량도 있습니다. 자동차 취급 설명서를 참고하여 따르도록 합시다. 교환 주기를 넘기면 엔진 내부가 더러워집니다.

주차장에 들어가기 전
- 주유구의 방향을 확인
- 주유구 오프너 버튼 위치 확인

운전석 근처에 오프너가 있다. 이것이 오프너 표시.

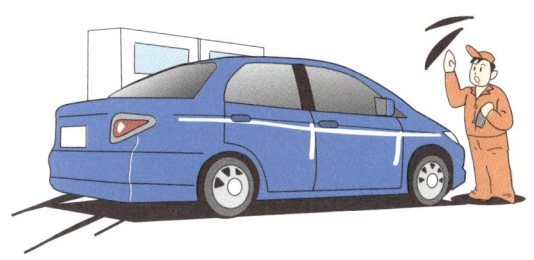

주유기 옆에 정차한 후
- P레인지로 조정
- 사이드 브레이크 걸기
- 엔진 정지
- 주유구 열기

주유가 끝난 후
- 트립미터를 0으로 조정(141쪽 참조)

연비를 계산하자
15783
347

서비스 받을 때는 유료인지 무료인지, 또 유료라면 얼마인지 사전에 확인하자. 잘 모르는 서비스는 안 받는 게 좋다. 그리고 집 근처 주유소에 회원으로 가입하고 직원과 친하게 지내면 좋다.

셀프 주유소는 주유량을 어떻게 조절하는지 몰라 불안해요.

 적정량이 되면 자동으로 멈추기 때문에 안심합시다.

미국은 셀프 주유소가 일반적이지만 한국은 1990년대 중반부터 시작되었다. 일반 주유소에 비해 저렴하니 기회가 되면 이용해봅시다. 순서가 다소 다를 수 있지만 기본 사용법은 103쪽에서 설명한 것과 비슷합니다. 또 주유소 내 화기 엄금은 당연한 말이지만 다음 사항에 주의하기 바랍니다.

① 정전기가 화재 원인이 될 수 있으므로 사전에 차체 등 금속 물질에 손을 대서 방전시킨다.
② 주유 중에 다시 정전기가 생기지 않도록 주유가 끝날 때까지 차 안에 들어가지 않는다.

금속제인 주유 뚜껑을 만지면 체내의 정전기가 자연스럽게 방전됩니다. 하지만 뚜껑을 만지기 전에 휘발성이 높은 휘발유에 인화되었다는 사례도 있기 때문에 미리 차체의 금속 부분을 만져 방전시키는 게 좋습니다. 주유기에 있는 정전기 방지 패드를 이용해도 됩니다. 그리고 반드시 주유하는 사람이 직접 주유 뚜껑을 열도록 합시다.

휘발유 종류에도 주의합시다(114쪽 참조). 주유 호스에 표시되어 있지만 만약 색으로 구분되어 있다면 일반 휘발유는 노란색, 고급 휘발유는 녹색, 경유가 파란색입니다. 하지만 정유사마다 색깔이 다른 경우도 있기 때문에 주의해야 합니다.

'휘발유를 흘리면 어떡하지?'라고 걱정하는 사람도 있는데 주유구에 노즐만 잘 맞춰 넣으면 가득 차는 시점에 자동으로 멈추기 때문에 불안해할 필요가 없습니다.

STEP 1

주유기 옆으로 접근한다

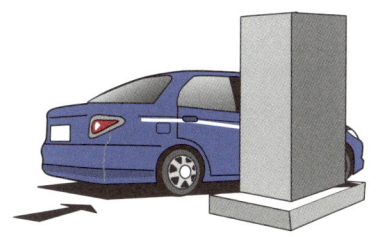

자기 차의 주유구가 어딘지 사전에 체크한다. 주유구 쪽이 주유기를 향하도록 정차한다.

STEP 2

패널을 조작해서 요금을 지불한다

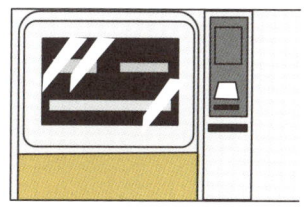

패널에 사용법이 적혀 있으니 그대로 따른다. 대개 '휘발유 종류' '분량' '지불 방법'만 선택하면 된다. 지불 방식은 선불이다.

STEP 3

주유구에 노즐을 삽입한다

운전석에 있는 주유구 오프너 버튼을 눌러 연다. 노즐을 삽입하고 레버를 당긴 후 기다린다. 적정량이 되면 자동으로 급유가 멈춘다. 부족하다는 이유로 수동으로 추가 급유하지 않는다.

STEP 4

급유를 마치면 노즐은 원래 자리에 둔다

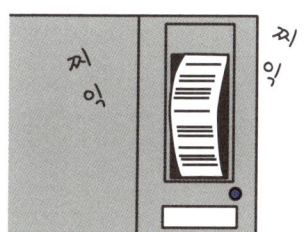

급유가 끝나면 노즐을 원래 위치에 둔다. 주유구 뚜껑을 반드시 잠근다. 패널에서 영수증이 나온다.

STEP 5

거스름돈이나 영수증을 받는다

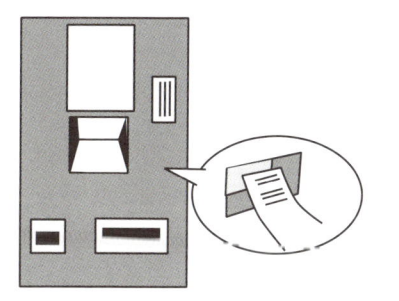

주유가 끝난 후 영수증을 받고 주유소를 나선다.

Q 주차하기가 어려운데 주차장 유형별 장단점을 알려주세요.

A 주차하기 편한 유형을 선택하고 마트 주차장도 이용합시다.

차로 외출하면 대개 주차장에 주차해야 합니다. 익숙하다면 별일 아니지만 처음에는 시스템을 몰라 주차하기도 쉽지 않습니다. 먼저 주차장에 어떤 종류가 있는지 알아보도록 하겠습니다. 모양이나 시스템으로 나눠보면 다음과 같습니다.

① 평면 주차장
② 입체 주차장
③ 길가의 공영 주차장
④ 기계식(타워형) 주차장

①은 여유 공간이 충분한 장소에 주로 만드는 주차장입니다. 들어갈 때 발권기에서 주차권을 뽑으면 입구의 차단기가 올라가고, 나올 때 정산하면 출구의 차단기가 올라가는 시스템으로 가장 일반적입니다. 이런 주차장은 하차할 필요 없이 정산할 수 있기 때문에 주차할 곳만 주의하면 됩니다. 주차하는 방법은 36쪽을 참고해주세요.

②~④는 다음 장에서 순서대로 설명하겠습니다. 시스템만 알면 특별히 어렵지 않지만 약간의 운전 기술이 필요한 경우도 있습니다. 익숙하지 않다면 본인이 편한 주차장을 찾아 이용합시다. 그리고 도심지에서는 주차가 항상 고민스럽지만 저렴하게 주차하는 방법도 있으니 알아보겠습니다.

'저렴하게' 주차하는 방법

1 대형 마트 주차장을 이용한다

근처에 주차하기 편한 대형 마트가 있다면 적극 이용하자. 처음 20~30분은 무료인 곳도 있고 사설 주차장보다는 요금이 저렴하다.

2 동네 공영 주차장을 이용한다

요즘에는 동네마다 이용할 수 있는 공영 주차장이 많이 늘었다. 미리 공영 주차장의 위치를 확인하면 외출이 더 편해질 것이다.

> **Q 입체 주차장 이용은 통로가 좁고 빈자리가 없을까 봐 망설여져요.**

> **A 주차 공간은 반드시 있으니 초조해하지 맙시다. 나오는 차량도 잘 체크합니다.**

시내 백화점이나 대형 마트의 주차장은 입체 주차장이 대부분입니다. 땅값이 비싸기 때문에 같은 면적이라도 가능한 한 많은 차량이 주차할 수 있도록 하기 위해서입니다.

입체 주차장은 '낮은 천장' '좁은 통로' '급경사나 급커브' '좁은 주차 공간' '뒤 차량 때문에 생기는 조급함'과 같은 이유로 꺼려하는 운전자도 많습니다. 게다가 '꼭대기 층까지 올라가도 주차 공간이 없다면 어떡하지?'라는 불안감도 있습니다. 그래서 초보자에게는 왠지 망설여지는 주차장인지도 모르겠습니다.

먼저 입구에 '만차'라는 표시가 없는 이상 어딘가에 빈 공간이 있습니다. 천천히 돌다 보면 찾아낼 수 있습니다. 높은 층일수록 인기가 없기 때문에 빈자리가 있을 가능성이 큽니다. 만약 못 찾았다면 내려오면서 찾으면 됩니다. 그리고 주차장을 나가려는 차량이 있다면 조금 대기하고 있다가 그 자리에 주차하면 됩니다.

주차하는 방법은 36쪽을 참조해주세요. 입체 주차장은 통로가 좁고 대부분 일방 통행이기 때문에 특유의 규칙이 있습니다. 다음 107쪽에서 살펴보도록 하겠습니다.

그리고 각 층을 잇는 통로는 급경사인 경우가 대부분입니다. 특히 올라갈 때는 앞차에 너무 붙지 않도록 주의합시다. AT차라면 운전자 실수로 뒤로 밀릴 수도 있습니다.

빈 공간을 발견하면 신속히 후진으로 주차한다. 뒤따르는 차량이 없고 통로 폭이 넓다면 핸들링(44쪽 참조)을 활용하자.

거의 '만차' 상태라면 주차장을 빠져나가는 차량을 주목하자. 그런 차량을 발견하면 그 앞에서 오른쪽으로 붙어 대기한다. 이때 오른쪽 방향 지시등이나 비상등을 켜서 여기로 들어간다는 의사를 밝힌다. 통로의 폭이 여유롭다면 뒤따르는 차량도 지나갈 수 있다.

경험이 없다면 입체 주차장은 왠지 불안하다. 간단한 시스템이지만 기술적으로 주의해야 할 사항이 많다.

각 층을 이어주는 통로의 벽이 일정한 간격으로 설치되어 있어 주행 시 벽이 다가오는 듯한 느낌이 들기도 한다. 가능한 한 벽 쪽을 보지 말고 핸들을 당기듯이 잡아 고정하자. 통로가 끝나는 지점에 요금소가 있거나 그 앞에 차량이 정차하고 있는 경우도 있으므로 주의한다.

Q. 길가에 있는 주차장은 어떻게 이용해요?

A 순서는 간단하지만 주의할 점이 있습니다.

길가에 흰색 선이 그어져 일정한 시간 동안 주차할 수 있는 주차장이 있습니다. 이는 지방 자치단체에서 관리하는 주차장입니다. '사설 주차장이 부족하고 단시간 주차 수요가 많은 지역에 일정한 규정을 만들어 정체를 완화한다'는 취지로 도입되었습니다.

장소에 따라 주차 조건은 다소 차이가 있지만 사설 주차장과 달리 '매일 저녁 10시부터 다음 날 낮 12시까지' 무료인 곳도 있습니다. 요금은 동네마다 다르지만 서울 1급지 노상의 경우 처음 5분에 500원, 이후 30분당 650원 정도입니다.

노상 공영 주차장의 경우, 관리인이 돌아다니며 요금을 정산합니다. 대개 요금 정산서가 관리인의 연락처와 함께 차의 앞 유리에 붙어 있습니다. 정산 시 관리인이 보이지 않으면 연락처를 이용합니다.

가끔 주차 요금을 아끼려고 주차장이 아닌 곳에 주차하는 사람들이 있습니다. 이런 행위는 당연히 불법으로 견인을 당할 확률이 높습니다. 요즘에는 노상 공영 주차장이 많으니 필요할 때 적절히 이용하도록 합시다. 이런 주차장에서는 전형적인 평행 주차를 합니다. 28쪽을 참조합시다.

노상 공영 주차장은 시설 주차장과 시스템이 다르다.

기계식 주차장에서 운전자는 무엇을 어떻게 해야 하나요?

A 트레이 위에 차를 올려놓기만 하면 됩니다.

도심에는 기계식 주차장이 많습니다만 다음과 같이 크게 두 가지로 나눌 수 있습니다.

① 타워형 주차장
② 엘리베이터형 주차장

①은 트레이가 리프트처럼 순환하는 형태고 ②는 엘리베이터가 내장된 형태입니다. 시스템은 다르지만 운전자가 보기에는 별반 차이가 없습니다.

둘 다 운전자가 트레이 위에 차량을 올려놓고 하차하면 자동으로 주차되기 때문에 특별히 어려운 점은 없습니다. 익숙하지 않다면 다소 긴장할 수 있지만 차량을 '트레이에 올려놓을 때'와 '턴테이블에 올려놓을 때', 이 두 가지만 유의하면 됩니다. 그리고 여기서는 '전진 주차'가 기본입니다.

방향 전환 시 차량이 움직일 공간이 충분하지 않은 주차장에는 턴테이블이 설치되어 있습니다. 예외도 있지만 기본적으로 전진 입고, 후진 출고 또는 턴테이블로 방향 전환 후 전진하여 도로로 빠져나오는 형식입니다. 다음 111쪽에서 상세히 설명하겠습니다. ②는 턴테이블이 내장된 종류도 있어 이럴 경우는 '전진 입고, 전진 출고'입니다.

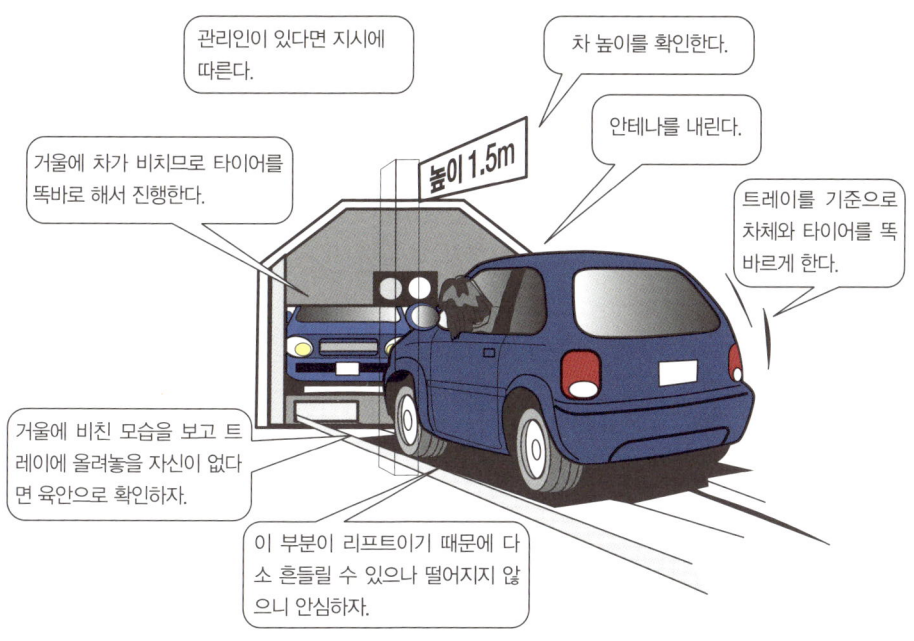

턴테이블이 있다면 중앙에 차를 올려놓고 대기

입고

먼저 트레이와 평행이 되도록 정차(턴테이블이 있다면 관리인에게 돌려달라고 말한다). 그리고 트레이 바닥의 홈에 바퀴가 들어가도록 전진한다. 홈은 바퀴보다 제법 넓기 때문에 운전 시 그다지 어렵지 않다.

출고

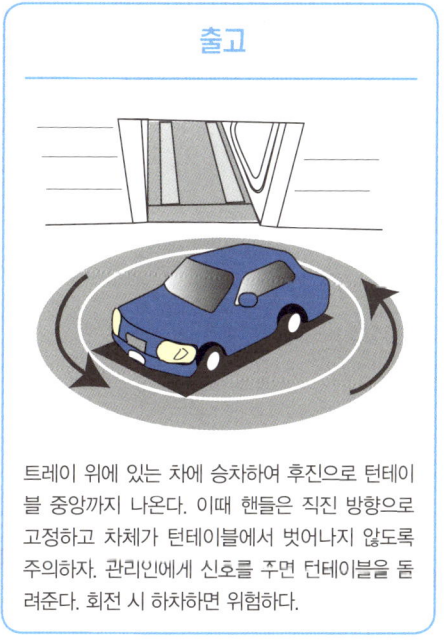

트레이 위에 있는 차에 승차하여 후진으로 턴테이블 중앙까지 나온다. 이때 핸들은 직진 방향으로 고정하고 차체가 턴테이블에서 벗어나지 않도록 주의하자. 관리인에게 신호를 주면 턴테이블을 돌려준다. 회전 시 하차하면 위험하다.

셀프 세차장 이용 순서를 알려주세요.

 창문을 닫고 사이드미러 접는 걸 잊지 마세요.

대개 주유소나 셀프 세차장을 이용하여 세차를 합니다. 셀프 세차장이란 설치된 기계를 이용하여 스스로 세차하는 곳을 말하며 경우에 따라 24시간 운영도 합니다. 세차 방식은 다양하지만 보통 다음과 같습니다.

① 셀프 세차장에서 스프레이건식 세차기를 이용
② 주유소에서 자동 세차기를 이용
③ 주유소에서 손 세차를 이용

요금은 이용 시간이나 매장에 따라 다르지만 일반적으로 ①에서 ③의 순서로 가격이 비쌉니다. ②는 주유소 한 켠에 세차기가 설치되어 있어 보통 점원이 조작해주는 방식입니다. 113쪽에서 대략 어떻게 진행되는지 설명하겠습니다.

③은 이용할 수 없는 차종도 있으므로 사전에 체크합시다. 또 자동 세차기는 세차 브러시 때문에 차체에 흠집이 생긴다고 싫어하는 사람도 있는데 브러시가 없는 세차기도 등장했습니다. 주유소를 포함해 셀프 세차장에는 청소기, 매트 클리너, 에어건, 드라이어 등의 기기가 설치되어 있으며 유료로 사용할 수 있습니다.

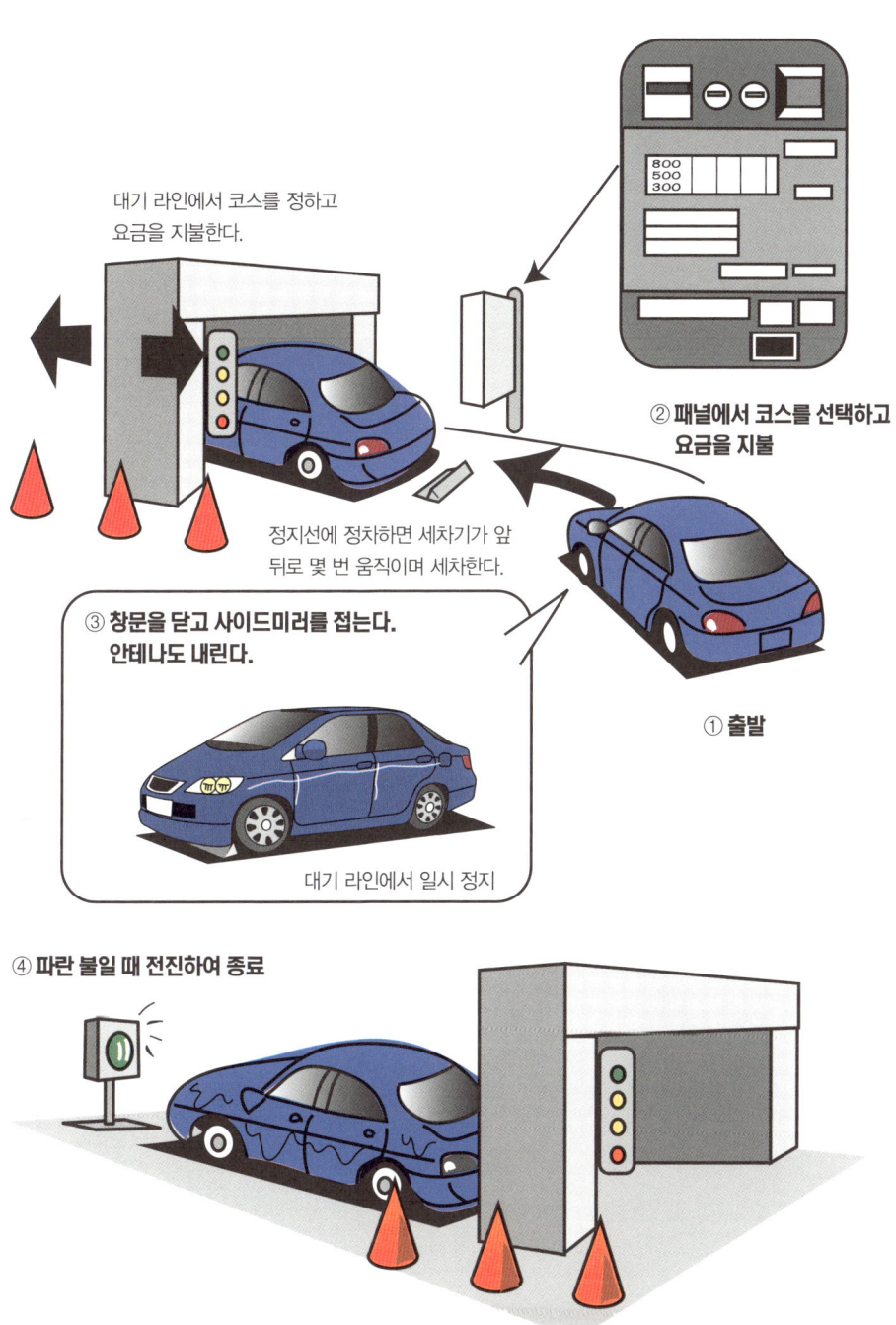

Drive Talk

고급 휘발유는 뭐가 좋을까요?

옥탄가가 낮은(91~94) 휘발유를 일반 휘발유라고 한다. 보통 고급 휘발유보다 1리터당 300원 정도 저렴하다.

고급 휘발유란 옥탄가가 높은(94 이상) 휘발유를 말한다. 고급 휘발유 사양이 아닌 차량은 효과가 없다.

디젤 엔진 차량은 경유를 사용한다. 경유는 휘발유에 비해 저렴하다(세금이 저렴하기 때문). 연비가 좋아 사업용 차량에서 많이 사용된다.

셀프 주유소에서 주유할 휘발유의 종류가 틀리지 않도록 주의하자. 잘못 주유하면 고장이나 사고의 원인이 된다.

일반과 고급 휘발유의 차이를 잘 모르겠다구요? 고급 휘발유는 '옥탄가'가 높다는 특징이 있습니다. 옥탄가가 높으면 그만큼 노킹*현상이 억제됩니다. 구체적으로 말해서 연비가 향상되고 힘이 좋아지며 부드럽게 가속되는 장점이 있습니다. 가족과 차를 공유한다면 어떤 휘발유를 사용하는지 서로 확인하여 섞이지 않도록 주의합시다.

❖ 엔진 실린더 내의 이상 폭발을 말함. 주행 중 떨림 현상이 생긴다.

[고속도로 주행, 이것만큼은 알아두자!]

고속도로는 편리하지만 일반 도로와 규정이 다릅니다. 속도가 빠른 만큼 위험하므로 최소한의 운전 지식은 알고 있어야 합니다. 이 장에서는 고속도로 주행법을 설명하겠습니다.

> **Q. 고속도로로 진입할 때는 항상 두려워요.**

A. 고속도로 본선의 흐름을 잘 살피고 상황에 따라선 감속도 합니다.

고속도로 주행의 첫 난관은 '어떻게 진입하느냐'입니다. 기본은 충분히 가속하여 다른 차량의 흐름에 방해되지 않게 합류하는 것입니다. 다음과 같이 주의점을 정리해보았습니다.

① 본선의 흐름과 같은 속도로 가속
② 자신이 들어갈 자리(뒤따를 차량)를 결정
③ 가속 차로를 활용하여 자연스럽게 합류

①은 가속 차로에서 충분한 속도를 유지할 수 있게 액셀러레이터를 밟습니다. D레인지에서는 '가속하고 싶은데 자동으로 고속 기어로 바뀌는 경우'도 있습니다. 고속 기어는 단시간에 가속하기에는 역부족이므로 힘이 좋은 2레인지로 가속하고 바로 D레인지로 기어를 변경하는 방법도 있습니다. 물론 순간적인 기어 변경에 자신이 없다면 D레인지로도 큰 문제는 없습니다.

②는 일반적인 차로 변경과 마찬가지입니다. 가속 차로에 들어가면 곧장 상황을 살피면서 본선의 흐름에 맞춰 가속합니다. 본선의 흐름이 아무리 빨라도 끼어들 수 있는 공간 정도는 있습니다. 속도를 본선의 흐름에 맞출 수만 있다면 바로 옆에 차량이 있어도 조금 감속하면서 뒤로 진입할 수 있습니다. 물론 합류할 때 당황하지 않도록 미리 들어갈 자리를 정해두는 게 중요합니다.

③은 가능한 한 빨리 합류하는 게 좋지만 아슬아슬하게 합류하는 상황도 생깁니다. 중요한 것은 가속 차로에서 절대로 차를 멈춰서는 안 된다는 사실입니다. 또한 가속 차로에서도 뒤따르는 차량을 충분히 주의해야 합니다.

1 본선에 차량이 없는 경우

앞쪽 대각선 방향에 차량이 있다면 그 속도에 맞춰 합류한다. 본선에 차량이 보이지 않더라도 사각지대는 항상 주의한다. 육안으로 왼쪽을 확인하자.

2 본선에 차량이 있는 경우

본선의 상황을 살피면서 본선 차량의 속도만큼 가속한다. 바로 옆에 차량이 있더라도 그 속도가 일정하다면 조금 감속하여 뒤로 진입한다.

3 추월 차로로 차량이 이동한 경우

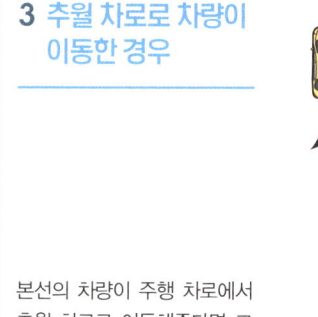

본선의 차량이 주행 차로에서 추월 차로로 이동해준다면 고미운 일이다. 후속 차량을 확인하고 추월 차로에 있는 차량의 속도에 맞춰 합류한다.

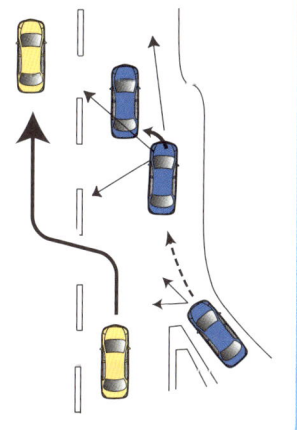

좀처럼 진입할 수 없어요. 어떡하죠?

- 차를 멈추면 절대 안 된다. 좀처럼 진입할 수 없더라도 속도를 줄이는 수준에서 계속 진행한다.
- 만일 멈췄다고 해도 후진은 할 수 없다. 차량 흐름이 없을 때까지 대기하다가 신속히 합류한다. 뒤 차량에도 주의하자.

초보자는 항상 주행 차로에서만 달리면 될까요?

A 주행 차로가 기본이지만 필요에 따라 차로 변경도 합시다.

학원에서 배운 대로 고속도로에서는 기본적으로 주행 차로를 이용합니다. 이는 3차로 이상일 때도 마찬가지입니다. 초보자는 추월이나 차로 변경을 최소화하여 가급적 주행 차로만 이용하는 게 안전합니다.

하지만 운전하다 보면 추월해야 할 상황도 생깁니다. 앞차가 너무 느리거나 위험하게 운전한다면 추월해서 앞서가는 편이 좋습니다.

차로를 변경할 때는 뒤 차량의 움직임도 주의 깊게 관찰하고 충분히 가속해서 진행합니다. 주의점은 66쪽을 참고해주세요. 추월 후에는 신속히 주행 차로로 돌아옵니다. 단, 차간거리는 충분히 확보해두어야 합니다. 참고로 시속 80km로 달리는 차량의 차간거리는 80m 정도입니다. 즉, 추월한 차량의 속도가 80km라면 그 앞에 80m 정도의 공간을 확보한 후 주행 차로로 진입해야 안전합니다.

가끔 추월 차로에서 계속 주행하는 차량도 있는데 제한속도가 초과되면 당연히 속도위반입니다. 또 제한속도 이내라도 계속 점유하고 있으면 다른 차량이 추월하기 힘들어지며 도로 정체의 원인이 되기도 합니다. 도로교통법에 의거해 '지정 차로 통행 위반'(벌점 10점)에 해당하므로 주의합시다. 또한 주행 차로에서는 추월이 금지되어 있습니다.

일반적으로 주행 차로에서 달린다

차로 변경이 필요한 경우

1 합류부

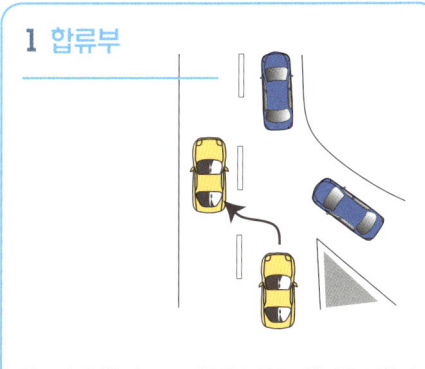

반드시 추월 차로로 이동할 필요는 없지만 여유가 있다면 합류해오는 차량의 접근을 피해 안전을 확보한다.

2 차로 규제가 있을 때

공사, 사고, 도로 정비 등으로 주행 차로가 통제되었다면 미리 차로를 변경한다. 2차로가 1차로로 바뀌는 지점에서는 양쪽 차량이 번갈아가며 진입하는 게 암묵적인 관례이다.

3 앞차와의 거리가 좁혀졌을 때

앞차의 속도가 늦거나 차간거리가 좁아져서 주행하기 힘들다면 추월 차로로 이동한다. 또 앞에 대형 차량이 있다면 피하는 게 좋다(120쪽 참조).

4 목적지에 따른 분기점

목적지의 차로가 다르다면 표지판이 나왔을 때 미리 차로를 변경한다. 분기점에 다 와서 변경하려면 기회를 놓칠 수도 있으니 주의하자.

 **고속도로에서 대형차 사이를 달린 적이 있는데 너무 무서웠어요.**

 무서울 뿐만 아니라 위험하기도 하니 잘 대처합시다.

대형차 사이에 갇히면 무섭기도 하지만 실제로 매우 위험합니다. 대형차가 위험한 이유는 다음과 같습니다.

① 앞에 대형차가 있으면 시야를 가린다.
② 앞의 대형차가 배기 브레이크를 사용할 때 추돌할 수도 있다.
③ 뒤에 대형차가 있으면 정체 시 추돌당할 수 있다.
④ 옆에 대형차가 있으면 빨려 들어갈 것 같다.

①은 앞차 전방의 상황을 파악하기 쉽지 않아 순간적으로 위험에 빠질 수 있습니다. ②의 '배기 브레이크'란 엔진 브레이크를 보조하는 대형차 특유의 장치입니다. 배기 브레이크 사용 시 브레이크 램프나 녹색의 전용 램프가 켜지는 차종도 있지만 아무런 정보가 없는 차종도 있습니다. 따라서 후자는 돌발 상황에 대처하지 못해 추돌할 위험이 있습니다. 반면 전자는 배기 브레이크가 풋 브레이크처럼 감속력이 뛰어나지 않으니 당황해서 급브레이크를 밟지 않도록 주의해야 합니다.

대형차의 경우 비교적 감속이 쉽지 않고 차체가 높아서 시야가 개방되어 있습니다. 그래서 바로 앞에는 정체 중인데 차량 흐름이 좋다고 착각하여 추돌하는 사례가 있습니다. 이런 경우가 바로 ③의 상황입니다. 추돌당하지 않도록 뒤 차량에도 주의합시다.

④는 바람의 영향도 있지만 자꾸 시선이 옆 차로 가기 때문에 자신도 모르게 대형차 쪽으로 붙게 됩니다. 아래 그림을 참조하여 대형차에 갇히기 전에 신속히 빠져나옵시다.

대형차 근처는 위험하다

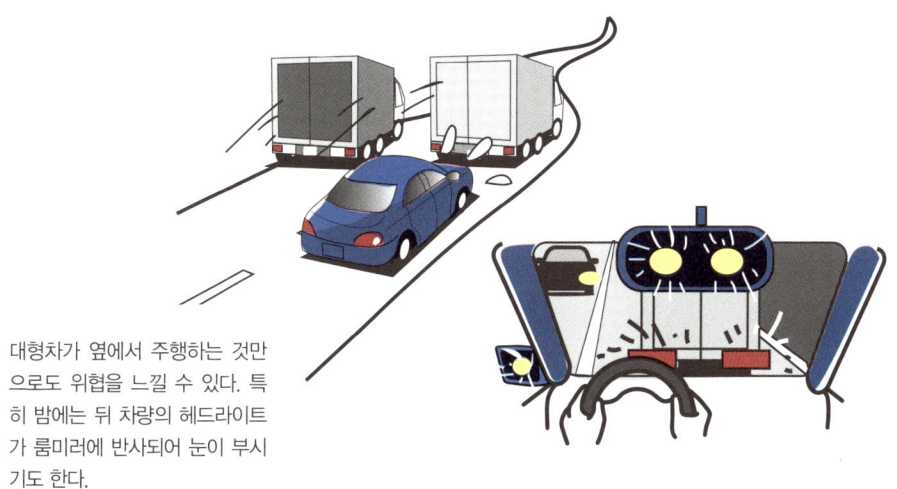

대형차가 옆에서 주행하는 것만으로도 위협을 느낄 수 있다. 특히 밤에는 뒤 차량의 헤드라이트가 룸미러에 반사되어 눈이 부시기도 한다.

일단 피하고 봅시다

1 감속해서 먼저 보낸다

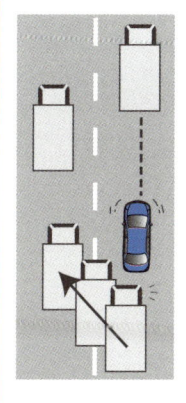

앞뒤에 대형차가 있다면 추월 차로를 이용해서 먼저 가다. 앞뒤와 왼쪽에 대형차가 있다면 감속하여 뒤차가 먼저 가도록 한다.

2 휴게소 주차장으로 피한다

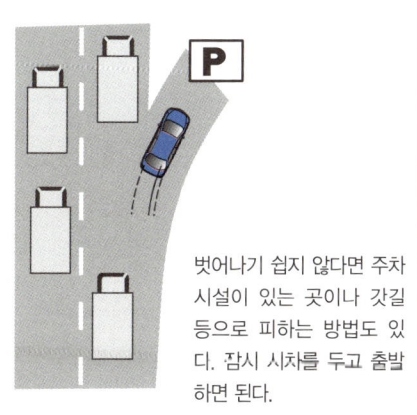

벗어나기 쉽지 않다면 주차 시설이 있는 곳이나 갓길 등으로 피하는 방법도 있다. 잠시 시차를 두고 출발하면 된다.

고속도로 주행 중에 핸들이 흔들려 무서워요.

 고속도로에서는 기본적으로 시선을 멀리 둬야 합니다.

고속도로에서 핸들이 흔들리는 이유는 다음과 같습니다.

① 시선이 너무 가깝다.
② 대형차가 근처에 있다.
③ 터널 출구 부근이다.
④ 차량 정비 불량이다.

①은 주행 시 바라보는 곳이 너무 가까워 차체가 휘청거리는 상태입니다. 차는 운전자의 시선 방향에 따라 움직이는 경향이 있으므로 가까운 곳을 주시하면 조금만 눈을 돌려도 크게 흔들립니다.

②의 경우 시선이 분산되어 멀리 볼 수가 없습니다. 또 대형차가 일으키는 바람으로 차체가 흔들릴 수도 있습니다. 차간거리를 충분히 두든가 대형차의 속도가 빠르지 않다면 추월하는 게 좋습니다.

③처럼 터널을 빠져 나온 순간에 휘청거리는 이유는 바람의 변화와도 관계가 있지만 시야가 갑자기 밝아지기 때문입니다. 예측 가능한 상황이므로 터널을 나올 때는 핸들을 잘 움켜줍시다.

①~③을 충분히 조심했는데도 차가 흔들린다면 차량 정비 불량을 의심할 수 있습니다.

특히 휠 밸런스가 나쁘면 타이어가 고속으로 회전할 때 진동이 발생합니다. 정비 불량이 의심된다면 바로 정비소를 찾아 수리하도록 합시다.

고속도로에서 핸들이 흔들리는 경우

1 시선이 너무 가깝다

가까운 곳만 보고 있으면 핸들이 흔들리기 쉽다. 또 핸들은 운전자가 보는 방향으로 같이 움직이는 경향이 있기 때문에 가까운 곳을 보면서 시선을 움직이면 차가 크게 흔들린다.

2 대형차가 근처에 있다

대형차 부근을 달리면 대형차가 일으키는 바람에 빨려 들어갈 듯한 압박감이 생겨서 휘청거리기 쉽다.

3 터널 출구 부근이다

터널을 빠져나온 직후에는 갑자기 밝아져 시야가 흐트러지고 옆에서 부는 바람과 갑자기 시야에 들어오는 도로 표지판 때문에 휘청거리기 쉽다.

'멀리 본다'가 해결책

눈앞의 도로가 아니라 앞차나 그 앞을 달리는 차량들을 보면서 주행한다.

벽이나 트럭에 시선을 뺏기지 말고 의도적으로 도로의 전방 끝 부근을 바라본다.

앞차의 창문을 통해 더 멀리 보며 운전하는 것도 안정적인 주행에 도움이 된다.

고속도로를 달리다가 도로 표지판을 놓칠까 불안해요.

**A 표지판이 일반 도로보다 단순합니다.
특히 목적지 관련 정보에 집중합시다.**

주행속도가 빠를수록 운전자의 시야각은 좁아집니다. 정지 시야각은 160~200도이고 시속 40km라면 100도 내외지만 시속 100km로 주행하면 겨우 40도밖에 보이지 않습니다.

그래서 고속도로에서 표지판을 놓칠까 봐 불안하다는 사람도 있지만 그다지 걱정할 필요는 없습니다. 왜냐하면 고속도로는 일반 도로보다 표지판의 수량도 적고 간략하게 표시되어 있기 때문입니다. 일반 도로의 '일시 정지'나 '진입 금지'와 같이 놓치면 중대한 사고로 직결되는 표지판은 거의 없습니다. 다만 목적지를 안내하는 표지판은 놓치지 않도록 주의합시다. 기본적으로 익혀둬야 할 주요 표지판 종류는 다음과 같습니다.

① 방향(방면)과 차로 안내
② 출구 또는 입구 안내
③ 방향(방면)과 거리 안내
④ 주차장이나 휴게소 안내
⑤ 예외적인 속도 제한 안내

이외에도 비상 전화, 오르막차로, 버스 정류소 등을 알리는 표지판도 있지만 긴급할 때 말고는 필요하지 않습니다. 또 정체 정보를 알려주는 전광판도 있으니 주의 깊게 살펴봅시다.

고속도로와 관련된 표지는 녹색입니다. 일반 도로에서 고속도로로 진입하고자 한다면 녹색 표지판을 찾으면 됩니다.

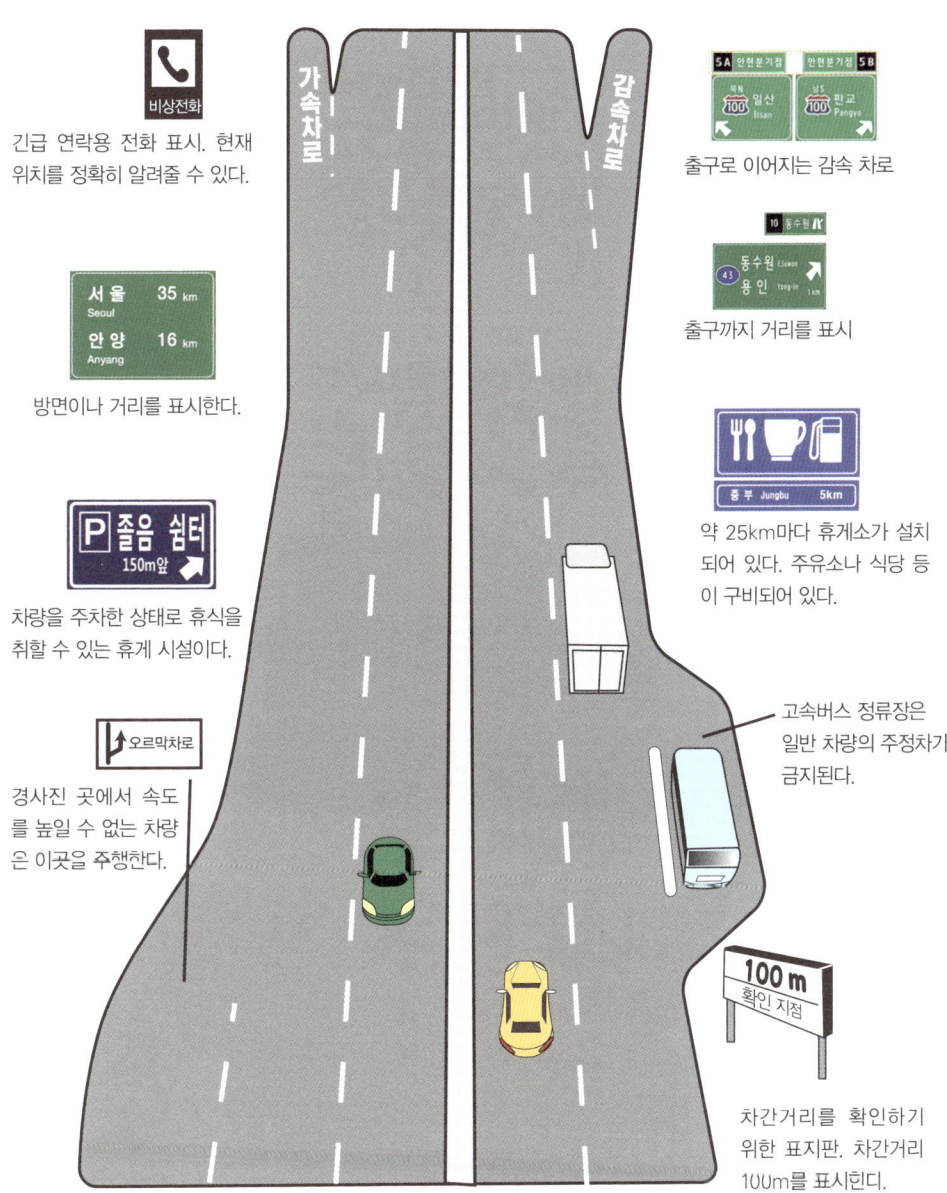

정체 여부를 어떻게 알 수 있을까요?

 내비게이션이나 라디오로 미리 정보를 수집합시다.

고속도로는 우회로로 빠져나갈 방법이 없기 때문에 정체가 일어나면 무척 답답합니다. 차 안에 갇힌 채 정체가 풀릴 때까지 기다릴 수밖에 없습니다.

따라서 어디가 정체인지 미리 정보를 수집합시다. 전방 주시도 중요하지만 '내비게이션이나 라디오' '휴게소의 정체 정보' '전광판' '고속도로 교통정보 앱(어플)' 등을 통해 알아볼 수 있습니다. 정체가 극심하다면 어떻게 하는 게 좋을까요? 다음과 같은 대처 방법을 생각해볼 수 있습니다.

① 가까운 출구를 통해 일반 도로로 빠진다.
② 휴게소에서 기다린다.
③ 참고 기다린다.

①은 부근의 지리를 잘 알고 있거나 내비게이션이 있다면 적절한 선택이겠지만 그렇지 않다면 오히려 길을 잃고 더 곤란한 상황을 만날 수도 있습니다. 또 일반 도로도 정체되고 있을지 모릅니다. 고속도로를 벗어나면 해결된다는 보장은 없습니다.

②도 나름 괜찮은 방법입니다. 정체는 일정 시간이 지나면 거짓말처럼 사라집니다. 느긋하게 휴식하면서 정체가 풀리기를 기다립시다.

③은 최악의 선택처럼 보이지만 상황에 따라선 최선의 방법입니다.

매번 어떤 방법을 선택할지 고민스럽기는 하지만 일단 명절 때 겪는 정체는 그리 간단히 해소되지 않습니다. 반면 일반적인 정체라면 비교적 빨리 해소되기도 합니다. 예를 들어 사고로 인한 정체는 사고만 수습되면 바로 해소됩니다.

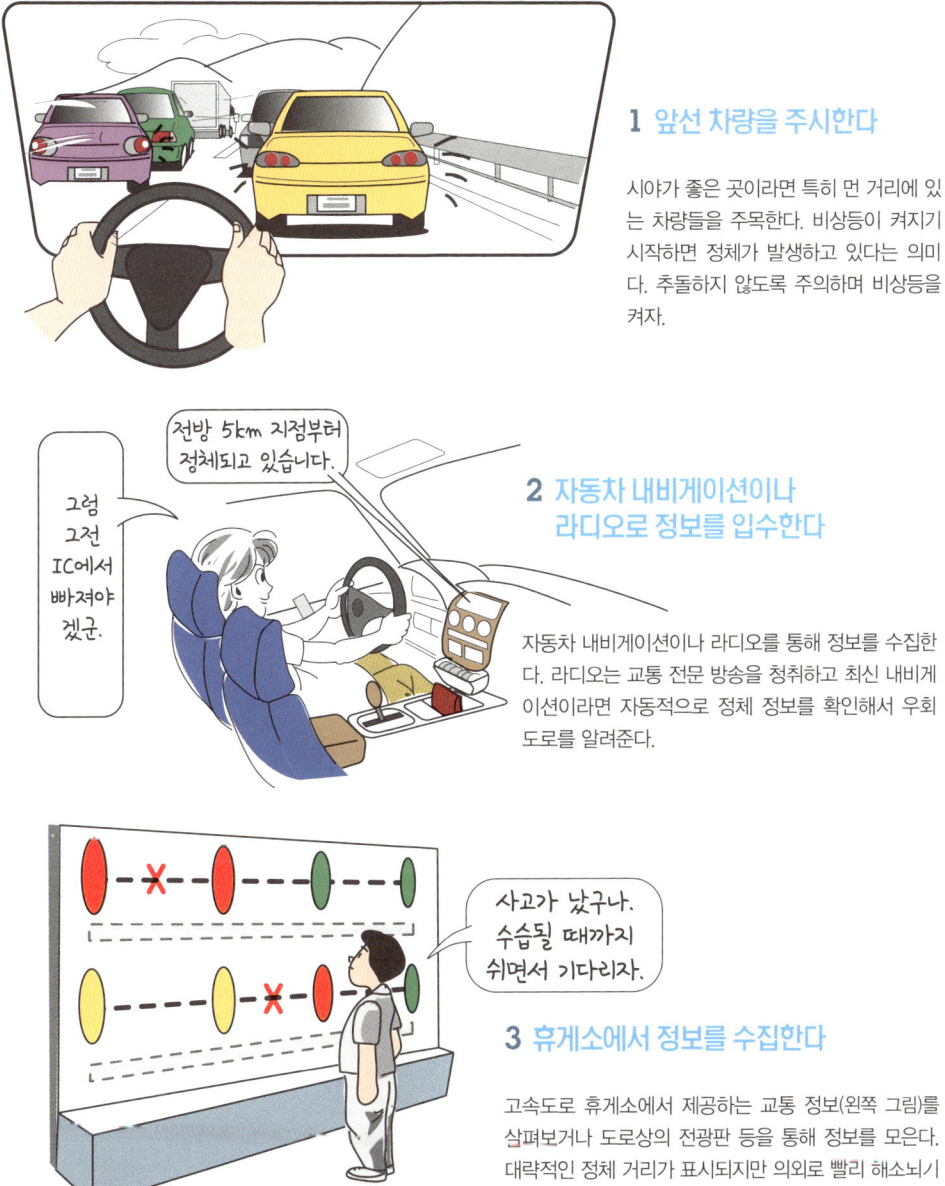

1 앞선 차량을 주시한다

시야가 좋은 곳이라면 특히 먼 거리에 있는 차량들을 주목한다. 비상등이 켜지기 시작하면 정체가 발생하고 있다는 의미다. 추돌하지 않도록 주의하며 비상등을 켜자.

2 자동차 내비게이션이나 라디오로 정보를 입수한다

자동차 내비게이션이나 라디오를 통해 정보를 수집한다. 라디오는 교통 전문 방송을 청취하고 최신 내비게이션이라면 자동적으로 정체 정보를 확인해서 우회 도로를 알려준다.

3 휴게소에서 정보를 수집한다

고속도로 휴게소에서 제공하는 교통 정보(왼쪽 그림)를 살펴보거나 도로상의 전광판 등을 통해 정보를 모은다. 대략적인 정체 거리가 표시되지만 의외로 빨리 해소되기도 한다.

Q. 고속도로 요금소에서 실수할까 봐 불안한데 어떡하죠?

A 지갑과 통행권은 정해둔 자리에 둡시다.

고속도로가 익숙하지 않은 사람은 '후불인 줄 알았는데 선불이었다' 혹은 '자동 발권기에 손이 닿지 않았다'와 같은 실패담 하나쯤은 있을 겁니다.

인터체인지(IC)가 여러 개인 경우는 후불제이지만 일부 구간만 자동차 전용 도로라면 선불제도 많습니다. 언제든 바로 정산할 수 있도록 정해둔 곳에 돈과 통행권을 보관하는 습관을 들이면 좋습니다.

또 자동 발권기에 손이 닿지 않는다면 빨리 하차하여 뽑아 옵니다. 하차할 때는 기어를 P레인지로 바꾸는 걸 잊지 맙시다.

요금소에 지불하는 것이 귀찮은 사람은 하이패스(자동 요금 지불 시스템)를 이용하면 됩니다. 하이패스란 요금을 지불하는 과정 없이 바로 요금소를 통과하면 요금소와 차량에 설치된 전용 단말기 간의 교신을 통해 확인된 요금을 선불 또는 후불로 정산하는 시스템입니다. 차량용 전용 단말기를 구매하고 하이패스용 신용카드를 신청하면 이용할 수 있습니다. 출퇴근 할인, 연계 도로 할인 등의 할인 제도가 있으므로 참고합시다. 하이패스를 탑재하면 요금소에서 전용 게이트나 겸용 게이트를 이용할 수 있습니다.

요금소를 통과할 때는 반드시 시속 20km 이내로 감속해야 합니다. 추돌사고가 빈번해 최근에는 차단기를 철거하는 중입니다. 차단기 고장 등으로 앞차가 급정거하는 경우도 있으니 추돌하지 않도록 차간거리와 속도에 유의합시다.

사전 준비가 중요

요금소에서 당황하지 않도록 미리 준비하자. 동전도 종류별로 있으면 좋다. 신용카드나 하이패스를 이용하면 잔돈 걱정은 없다.

익숙하지 않다면 중앙에 있는 게이트를 선택

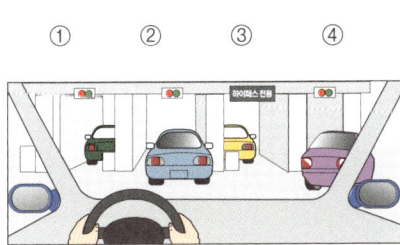

게이트 선택도 중요하다. ②는 직진하면 되니까 편할지 몰라도 차들이 몰리기 쉽다. ③은 하이패스 전용. ①과 ④는 끝 쪽이라 비이 있지만 차로를 변경해야 하니 뒤차에도 충분히 주의하자. 익숙하지 않다면 ③이 적절하다.

통과 후 진로 주의

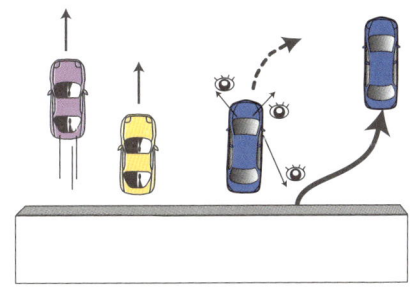

게이트를 빠져나온 후 거스름돈을 정리하거나 지도를 봐야 하는 경우 또는 함께 온 차량과 합류해야 할 때는 오른쪽 게이트를 이용하여 오른쪽 공간으로 이동하여 정차한다. 이때는 뒤차에 주의하자.

고속도로 출구를 잘 찾으려면 어떻게 해야 하나요?

A 항상 표지판에 주의하고 틀리더라도 초조해하지 않는 게 중요합니다.

고속도로에서 출구를 놓치지 않으려면 '대전 50km'와 같은 '방향(방면)과 거리' 표지판을 잘 확인하면서 주행해야 합니다. 목적지와의 거리가 10km 이내라면 마음의 준비를 합시다.

그리고 '대전 출구 2km'와 같은 '방향(방면)과 출구'를 예고하는 표지판을 주시합시다. 출구까지 '2km' '1km' '150m' 남은 지점에 각각 표지판이 설치되어 있습니다. 2km 지점에서 바로 인지하는 게 좋겠지만 출구까지 총 3개의 표지판이 있으므로 특별한 경우가 아닌 이상 운전자가 인지할 수 있습니다.

2km가 남았다는 표지판이 보이면 추월 차로로 이동하는 것은 삼갑시다. 앞차의 속도가 다소 늦더라도 참는 게 좋습니다.

이렇게 주의하더라도 '아차' 하는 순간 착각해서 출구를 놓치는 경우도 있습니다. 지나쳤거나 다른 출구로 진입했더라도 '급브레이크'나 '후진'은 절대 금물입니다. 대형사고로 이어질 수 있습니다.

다른 출구로 진입했다면 어쩔 수 없습니다. 요금소를 빠져나와서 다시 고속도로로 진입해야 합니다. 목적지가 근처라면 일반 도로를 이용해도 됩니다. 요금소를 통과하지 않고도 반대 차로로 이동할 수 있는 고속도로도 있지만 모든 IC가 그렇지는 않습니다. 주변을 두리번거리다가 사고를 내지 않도록 주의합시다.

출구를 확인하자

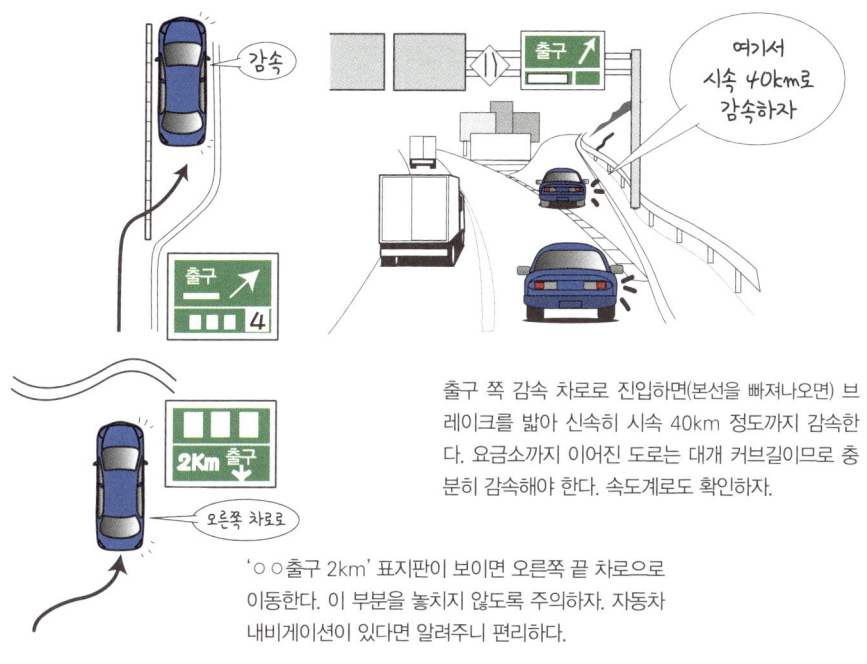

출구 쪽 감속 차로로 진입하면(본선을 빠져나오면) 브레이크를 밟아 신속히 시속 40km 정도까지 감속한다. 요금소까지 이어진 도로는 대개 커브길이므로 충분히 감속해야 한다. 속도계로도 확인하자.

'○○출구 2km' 표지판이 보이면 오른쪽 끝 차로로 이동한다. 이 부분을 놓치지 않도록 주의하자. 자동차 내비게이션이 있다면 알려주니 편리하다.

길을 잘못 들어섰다면?

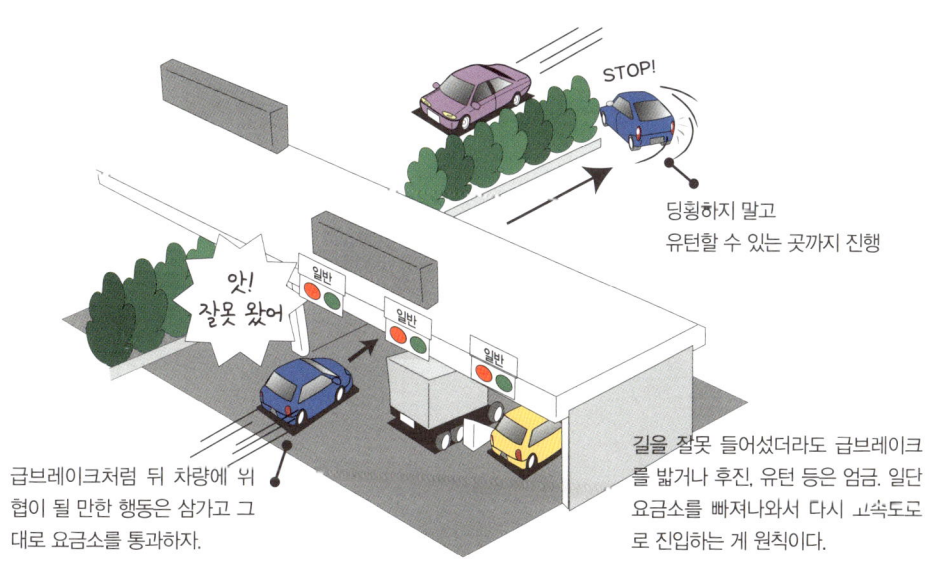

급브레이크처럼 뒤 차량에 위협이 될 만한 행동은 삼가고 그대로 요금소를 통과하자.

딩횡하지 말고 유턴할 수 있는 곳까지 진행

길을 잘못 들어섰더라도 급브레이크를 밟거나 후진, 유턴 등은 엄금. 일단 요금소를 빠져나와서 다시 고속도로로 진입하는 게 원칙이다.

 **아이를 태우고 고속도로를 주행할 때 무엇을 주의해야 할까요?**

 안전띠나 유아용 카시트를 올바르게 장착합시다.

아이와 동승할 때는 위험 요소나 신경 써야 할 일이 많이 있으니 애초에 각오해두는 게 좋습니다. 특히 고속도로는 속도가 빠르고 정체되기도 하므로 사전에 준비를 해야 할 일이 많습니다. 먼저 올바른 안전띠 착용법을 익혀둡시다. 만 6세 미만은 유아용 시트 장착이 의무입니다. 나이나 사이즈에 따라 적절한 것을 선택합니다. 잘못 장착하면 위험하므로 취급 설명서에 따라 정확히 고정해야 합니다. 다음 주의 사항을 참조합시다.

① 체중 10kg 미만의 유아는 역방향이나 옆 방향 타입을 선택하여 올바른 각도로 장착한다.
② 벨트 길이를 조절한다.
③ 벨트를 올바르게 매서 아이를 고정한다.
④ 안전띠를 잠금 모드로 설정한다.

안전띠는 사고가 일어났을 때 결정적인 역할을 하므로 귀찮다고 생각하지 말고 정해진 방식으로 올바르게 착용하기 바랍니다. 만 6세 이상의 어린아이는 안전띠를 매도록 합니다. 특히 뒷좌석에서는 안전띠 착용을 꺼리는 경우가 많은데 착용률이 22% 정도라고 합니다. 하지만 고속도로 인명사고의 절반은 차 밖으로 사람이 튕겨나가서 생긴다고 합니다. 아이가 좀 답답해하더라도 올바르게 착용할 수 있도록 지도합시다.

유아용 시트는 올바르게 장착하자

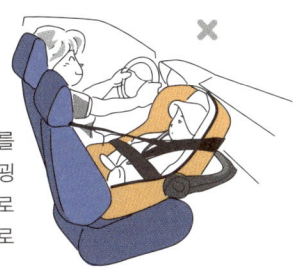

에어백이 있는 조수석에 시트를 장착하면 에어백이 터졌을 때 굉장히 위험하다. 특히 역방향으로 장착한 경우 아이의 머리 쪽으로 에어백이 터진다.

역방향 전용 시트를 옆쪽으로 장착하거나 벨트를 느슨하게 하면 추돌 시 튕겨져 나가니 주의하자.

장거리 이동 시 물과 음식 준비

아이는 어른보다 탈수 증상을 일으키기 쉽다. 음료와 가벼운 음식, 뒷좌석용 차양기, 휴대용 변기 등도 준비해두면 안심이다.

급브레이크 시 상황을 염두에 둔다

급브레이크 시 안전띠는 필수다. 승합차처럼 뒷좌석에 공간이 넓은 차량도 자리에 앉아 안전띠를 매도록 한다.

승하차와 출발 시 주의

아이의 손발이 끼지 않도록 문을 닫을 때 주의한다.

차의 앞이나 뒤에 아이를 두지 않는다. 정차하자마자 뛰어나가지 않도록 주의를 준다.

짧은 시간이라도 차내에 방치하지 않는다

아이가 자고 있다고 차에 두고 일을 보러 가는 사람도 있다. 하지만 차내에서는 열사병이나 질식의 위험이 크다. 한순간이라도 차내에 아이를 둬서는 안 된다.

Drive Talk

도로의 종류가 많아서 헷갈린다고요?

● 자동차 전용 도로

도로 종류	관리(책임) 주체	제한속도	중앙분리대 유무
고속도로	한국도로공사	최고 80~110km, 최저 50km	있음
민자 고속도로	민간 사업자	최고 100~110km, 최저 50km	있음
도시 고속도로	각 지자체	최고 90km, 최저 30km	각기 다름

● 일반 도로

도로 종류	관리(책임) 주체	제한속도	중앙분리대 유무
일반 국도	국토교통부 장관(시 관내는 해당 시장)	60~80km	없음
특별·광역시도	특별·광역시장	60~80km	없음
지방도	도지사	60~80km	없음
시·군·구도	시장·군수·구청장	60~80km	없음

표와 같이 도로의 종류가 다양하고 관할도 달라 제한속도나 요금 체계 등도 천차만별이며 도로 행정도 복잡하다. 운전자는 평소 자신이 자주 이용하는 도로에 대해 잘 숙지해야 한다.

● 자동차 종류

종류	경형	소형	중형	대형
승용 자동차 (10인 이하)	배기량 1000cc 미만, 길이 3.6m 너비 1.6m 높이 2m 이하	배기량 1600cc 미만, 길이 4.7m 너비 1.7m 높이 2m 이하	배기량 1600cc 이상 2000cc 이하, 길이·너비·높이 중 어느 하나라도 소형을 초과하는 것	배기량이 2000cc 이상이거나 길이·너비·높이 모두 소형을 초과하는 것
승합 자동차 (11인 이상)	배기량 1000cc 미만, 길이 3.6m 너비 1.6m 높이 2m 이하	승차 정원이 15인 이하, 길이 4.7m 너비 1.7m 높이 2m 이하	승차 정원이 16인 이상 35인 이하이거나 길이·너비·높이 중 어느 하나라도 소형을 초과하여 길이가 9m 미만	승차 정원이 36인 이상이거나 길이·너비·높이 모두가 소형을 초과하여 길이가 9m 이상인 것
화물 자동차	배기량 1000cc 미만, 길이 3.6m 너비 1.6m 높이 2m 이하	최대 적재량 1톤 이하, 총중량 3.5톤 이하	최대 적재량이 1톤 초과 5톤 미만, 총중량이 3.5톤 초과 10톤 미만	최대 적재량이 5톤 이상이거나 총중량이 10톤 이상인 것
특수 자동차	배기량 1000cc 미만, 길이 3.6m 너비 1.6m 높이 2m 이하	총중량 3.5톤 이하	총중량이 3.5톤 초과 10톤 미만	총중량이 10톤 이상인 것
이륜 자동차	배기량 50cc 미만 (최대 정격출력 4kW 이하)	배기량 100cc 이하 (최대 정격출력 11kW 이하), 최대 적재량 60킬로그램 이하	배기량이 100cc 초과 260cc 이하(최대 정격출력 11kW 초과 15kW 이하)인 것으로 최대 적재량이 60킬로그램 초과 100킬로그램 이하	배기량이 260cc(최대 정격출력 15kW)를 초과하는 것

6장

[문제 발생 시 대처법을 알려주세요]

차를 운전하는 이상 누구나 각종 문제에 노출되어 있습니다. 연료 부족이나 타이어 펑크 혹은 사고를 일으키거나 당할 수도 있습니다. 이런 만일의 경우가 발생했다면 어떻게 대처하면 좋을지 알아보도록 하겠습니다.

> **Q 노상에서 엔진이 멈춰 시동이 걸리지 않으면 어떡해요?**

A 보험 회사의 출동 서비스를 받습니다.

집에서 출발하기 전이라면 그나마 낫지만 노상에서 엔진이 고장 나면 난감합니다. 시동이 걸리지 않는 이유는 다양하지만 초보자가 스스로 해결할 수 없는 상황이라면 일찌감치 보험 회사의 출동 서비스를 받는 게 좋습니다. 시동이 걸리지 않는 주요 원인은 137쪽에서 살펴보겠습니다.

차량의 배터리는 엔진 시동, 라이트 점등, 에어컨이나 자동차 내비게이션, 창문 자동 개폐 등에 사용됩니다. 엔진 회전을 활용하여 충전하기 때문에 휴대전화처럼 매일 충전할 필요는 없습니다. 하지만 바꿔 말하면 엔진이 멈춘 상태에서 실내등을 켜두거나 엔진 회전수가 적은 정체 시에 에어컨을 많이 사용하면 배터리가 방전될 수도 있다는 의미입니다(과방전).

배터리가 방전되면 '점프'가 일반적인 대처법입니다. 점프란 다른 차량의 배터리를 이용하여 시동을 거는 일을 말합니다. 일단 시동만 걸리면 배터리는 주행 중에 서서히 충전됩니다.

단순히 방전이라면 점프로 거의 해결되지만 배터리 자체가 문제인 경우도 있습니다. 이때는 배터리를 교체해야 합니다. 충전해도 다시 바로 방전되거나 라이트 밝기가 어둡다면 교체 시기가 찾아온 것입니다. 배터리는 일반적으로 3년 전후로 교체합니다.

시동이 걸리지 않는 주요 원인

1 변속 레버가 부적절

변속 레버가 P레인지나 N레인지가 아니라면 사고 방지를 위해 시동을 제한한다. P레인지로 바꾸자.

2 휘발유 부족

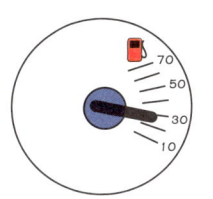

휘발유가 없으면 당연히 시동이 걸리지 않는다. 이런 상황이 발생하면 스스로 주유소에 갈 수도 없다(140쪽 참조).

3 배터리 방전

배터리는 주행 중에 충전된다. 정체 시 에어컨 사용량이 많거나 주차 중 라이트를 켜두면 방전된다.

배터리 방전 시 대처법

부스터(점프) 케이블이 있다면 다른 차량의 배터리를 이용하여 시동을 건다. 시동이 걸렸다고 바로 완전히 충전되는 건 아니기 때문에 추가로 충전하거나 배터리 수명이 다했다면 교체해야 한다.

순서1 부스터 케이블 사용법(순서가 중요)

다음 순서대로 고장 차량에 연결한다.

① 고장 차량 배터리의 '+'
② 다른 차량 배터리의 '+'
③ 다른 차량 배터리의 '−'
④ 고장 차량 엔진 본체의 금속 부분

❖ MT차는 클러치를 밟으며 시동을 건다.

순서2 배터리 공급 방법

① 다른 차량에 시동을 건 후 액셀러레이터를 밟아 엔진 회전수(1,500회전 정도)를 높인 채 몇 분간 유지한다.
② 고장 차량에 시동을 건다.
③ 시동이 걸리면 부스터 케이블을 순서1의 ④③②① 순으로 제거한다.
④ 고장 차량은 10~15분 정도 엔진의 회전수를 높게 유지해 배터리를 충전시킨다.

Q. 차 열쇠를 두고 내렸는데 문이 잠겼어요.

A. 보험 회사에 연락하고 열쇠로 문을 잠그는 습관을 들입시다.

의외로 열쇠를 차 안에 둔 채 문을 잠그는 경험을 해본 사람이 많습니다. 깜박하거나 착각해서 벌어지는 일이므로 반드시 열쇠로 잠그는 습관을 들이면 해결할 수 있습니다. 최근에는 리모콘식이라 편리하기 때문에 귀찮게 여기지 말고 열쇠로 잠그도록 합시다.

그리고 '스마트 키' 또는 '인텔리전트 키'로 불리는 열쇠는 몸에 지니고만 있어도 자동(혹은 버튼)으로 문을 열고 잠글 수 있을 뿐만 아니라 시동도 걸 수 있습니다. 이런 시스템을 '스마트 엔트리'라고 합니다. 스마트 키라면 열쇠를 두고 내릴 일이 현저히 줄겠지만 건전지 사용법에 대해서는 숙지하고 있는 편이 좋습니다❖.

그럼에도 불구하고 차에 열쇠를 두고 내렸는데 보조 키도 없다면 보험 회사에 연락하여 출동 서비스를 받습니다. 만약에 휴대전화를 사용할 수 없는 외딴 지역에서 이런 상황이 벌어졌다면 창문을 깨고 문을 여는 수밖에 도리가 없습니다.

❖ 바로 건전지를 교체할 수 없다면 내장되어 있는 기계식 열쇠를 이용한다. 엔진 시동은 브레이크를 밟으면서 스마트 키로 스타트 버튼을 누르거나 스마트 키를 스타트 버튼에 접촉한다.

예방법

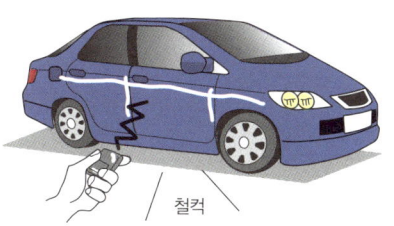
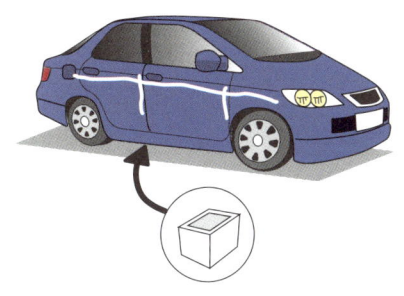

1 열쇠로 잠근다
반드시 열쇠로 잠근다. 스마트 키는 차내에 두지 않도록 주의한다.

2 보조 키를 지갑 등에 보관한다
보조 키는 반드시 몸에 지니는 물건에 보관하자. 지갑이 적절하다.

3 보조 키를 차량에 숨겨둔다
보조 키를 차체에 숨길 수 있도록 고안된 상품도 있다. 편리한 만큼 차량의 도난 확률이 높아지므로 본인 상황에 따라 잘 판단하자.

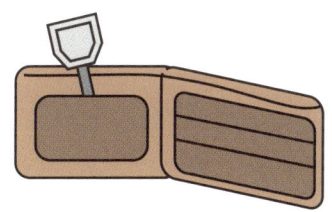

대처법

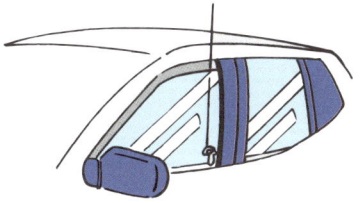

1 창문이 조금이라도 열려 있다면 철사 등을 이용한다
끝을 U자로 구부린 철사를 이용해보자. 운이 좋다면 열 수도 있다. 고장 가능성이 있으니 주의하자.

2 보험 회사의 출동 서비스를 받는다
출동 서비스로 전화한다. 정확한 위치를 알려주고 소요 시간을 확인하자.

3 전문점에서 제작한다
차종과 차량 번호를 알려주면 열쇠를 만들어주는 곳도 있다. 단, 신분증과 차량 소유자임을 증명해야 한다. 자동차 구입 시 거래했던 딜러에게 의뢰하는 게 좋다.

주유소가 없는 곳에서 연료가 바닥이 났어요.

 보험 회사가 제공하는 출동 서비스를 이용합시다.

평소 조금만 신경 쓴다면 주행 중에 연료가 떨어지는 일은 거의 발생하지 않습니다. 일단 '연비 계산'을 해둡시다. 연비란 '휘발유 1L로 주행할 수 있는 거리'를 말합니다. 이를 근거로 연료를 가득 채울 시 얼마나 주행할 수 있는지, 집에서 목적지까지의 거리는 얼마고 몇 리터가 필요한지를 체크해봅니다. 연비는 차량의 종류, 운전 습관, 고속도로 주행인가 시내 주행인가 등에 따라 차이가 납니다.

그리고 차에 탈 때는 연료계를 체크하는 습관을 가집시다. 장거리 운행이 예정되어 있다면 반드시 연료량을 확인합니다. 또 연료를 다 쓸 때까지 기다리지 말고 미리 급유합니다. 그럼에도 주행 중에 연료가 다 떨어졌다면 141쪽을 참고해서 대처합니다.

고속도로에서 연료가 떨어졌다면 관성을 이용하여 갓길까지 차를 몰아 대기합니다. 비상등을 점멸시키고 차 뒤쪽에 고장 표시판을 설치해 2차사고를 방지해야 합니다. 추돌 및 인명사고로 이어지지 않도록 충분히 주의합시다.

만약의 사태에 항상 준비하는 태도는 좋지만 휘발유를 트렁크에 상비해서 다닐 수는 없습니다. 무자격자의 휘발유 운반은 기본적으로 금지되어 있고 합법적인 허용 기준과 의무를 충족해야 운반할 수 있습니다.

예방법

1 연비를 계산하자

$$\frac{\text{이전 급유 이후 주행거리}}{\text{이번 주유량}} = \frac{\text{연비}}{\text{(1L당 주행 km)}}$$

주행거리를 사용한 휘발유양으로 나누면 연비가 산출된다. 주행거리는 트립미터로 확인한다. 이전에 가득 주유했다면 이번 주유량이 사용량이다.

2 고속도로나 자동차 전용 도로에 진입하기 전에 주유한다

매번 운전 전에 확인해야 함은 물론이고 장거리 운행으로 고속도로나 자동차 전용 도로를 이용할 일이 있다면 사전에 가득 채우자. 이때 타이어 공기압도 체크하면 좋다.

대처법

1 서비스 센터로 전화한다

보험 회사에 연락하는 게 가장 좋다.

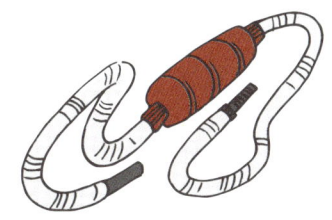

2 다른 차량의 도움을 받는다

전용 펌프를 이용하여 다른 차량의 휘발유를 나누어 받는다. 인화성 물질이기 때문에 충분히 주의하자.

3 주유소를 검색하여 연락한다

가까운 주유소에서 출장 서비스를 받는다면 서비스 센터보다 저렴할 수 있다. 자동차 내비게이션 검색이나 전화번호 안내 서비스 및 인터넷 검색을 이용한다.

 **타이어 교체를 해본 적이 없는데 펑크 나면 어떡해요?**

 먼저 위험 지역에서 벗어나도록 합시다.

'주행 중 타이어에 펑크가 난다면?' 상상만 해도 무서운 일입니다. 하지만 타이어가 펑 하고 소리가 나면서 터지는 정도라면 위험하겠지만 타이어를 적절한 공기압으로 사용한다면 그런 사고는 거의 일어나지 않습니다.

일반적인 타이어 펑크는 '공기 빠짐'을 말하며 곧장 운전이 불가능하지는 않습니다. 오히려 펑크인지 모르고 장기간 사용하다가 타이어가 파열될 수 있으니 평소 기본적인 타이어 정비를 게을리하지 말아야 합니다.

먼저 직진 시 핸들이 한쪽으로 걸리는 듯한 느낌이 든다면 앞바퀴 펑크를 의심해봐야 합니다. 위화감이 들기 때문에 바로 알 수 있습니다. 반면 뒷바퀴 펑크는 핸들이 평소와 달리 조금 둔하다고 느끼는 정도이기 때문에 알아차리기가 쉽지 않습니다. 이런 현상이 있다면 신속히 안전한 장소로 이동하여 대처하도록 합시다.

① 심각하지 않다면 가까운 주유소까지 이동
② 보험 회사에 연락
③ 스스로 스페어타이어로 교체

타이어 펑크는 예측할 수 없는 사고라고 생각할지 모르겠으나 일상적인 정비를 통해서 예방할 수 있습니다. 평소 마모나 상처를 확인하고 정기적으로 공기압을 점검받기 바랍니다. 특히 고속도로에서 펑크가 나면 큰 사고로 이어질 수 있으므로 공기압 점검은 필수입니다.

대처법

1 공기가 조금 빠진 정도라면 일단 안전한 장소로 이동한다

핸들 조작에 위화감이 있다면 신속히 갓길 등으로 이동한다. 고속도로 정차는 위험하므로 5km 이내에 휴게소가 있다면 최저 속도(50km)로 신중히 이동한다.

2 보험 회사에 연락한다

출동 서비스를 신청하면 바로 기사가 찾아와 타이어를 교체해준다.

심하지 않다면 펑크 패치를 이용

경미한 펑크라면 펑크 패치를 이용한다. 에어 벨브에 튜브를 연결하여 압축 공기와 고무액을 주입하면 일시적으로 펑크가 수리된다. 타이어에 철사 등이 박혀서 펑크 난 것이라면 먼저 깨끗이 제거한다. 하지만 어디까지나 응급조치이므로 추후 정식으로 정비를 받도록 하자.

3 긴급 상황이라면 노상에서 교체한다

타이어 공기가 많이 빠졌다면 바로 교체한다. 단, 노상 작업은 위험하므로 최대한 안전한 장소로 먼저 이동한다. 본인 스스로 교체할 수 없다면 서비스 센터 등으로 연락한다. 차량을 들어 올릴 때 이용하는 잭 사용법은 176쪽 참조.

바퀴가 배수로에 빠졌는데 어떻게 빠져나오나요?

 빠진 상태나 차종에 따라 다릅니다.

바퀴가 빠지는 사고는 의외로 빈번히 일어납니다. 전륜구동차는 앞바퀴가 빠지면 빠져나올 가능성이 높습니다. 구동되는 앞바퀴에 힘이 잘 전달되고 조종이 자유롭기 때문입니다. 후륜구동차는 상황에 따라 다릅니다. 스스로 빠져나올 수 없다면 잭을 이용합시다.

사람의 힘으로 들어 올리거나 다른 차량을 이용하여 견인하는 방법도 있지만 당기는 탄력 때문에 사람을 치거나 견인 중 로프가 끊겨 부상을 입는 사고도 있습니다. 잭을 이용해도 빠져나올 수 없다면 보험 회사로 연락해 전문가에게 맡기도록 합시다.

대처법

앞바퀴가 배수로 벽과 직각을 이루도록 한다.

1 FF차라면 스스로 빠져나올 수 있다

앞바퀴가 빠졌다면 전륜구동차는 스스로 빠져나올 수 있다. 앞바퀴를 가능한 한 도랑 벽과 직각으로 만들어 액셀러레이터를 밟아본다.

2 잭을 이용하여 들어 올린다

배수로 바닥이 깊지 않다면 잭을 설치하여 도로 높이까지 들어 올린다. 잭이 쓰러지지 않도록 주의한다. 잭 사용법은 176쪽 참조.

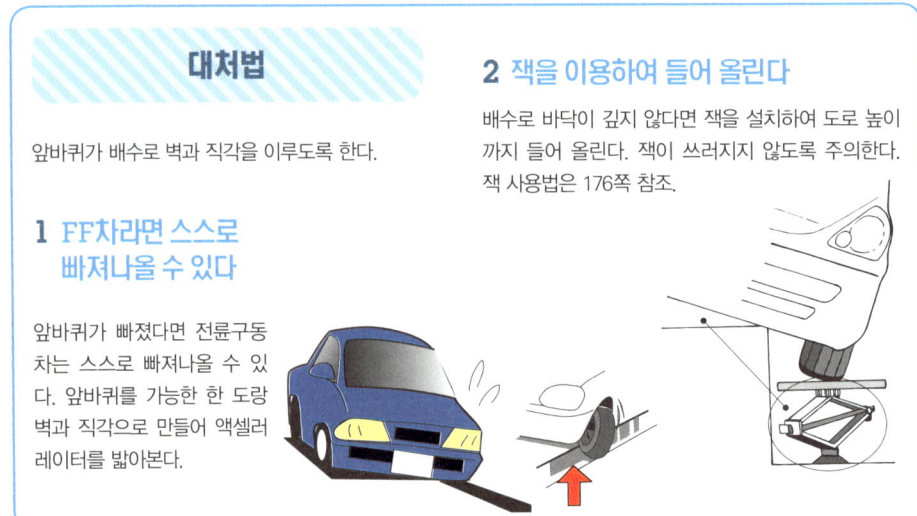

> **Q 주행 중에 소리가 나고 수온계 수치가 높은데 어떡해요?**

**A 아마도 엔진 과열로 인한 오버히트일 것입니다.
안전한 장소로 이동하여 상태를 봅시다.**

차량을 구동하기 위해서 연료를 연소시키면 엔진부의 온도가 올라가는데 이때 라디에이터나 냉각팬으로 엔진을 식힙니다. 하지만 이 장치가 작동하지 않으면 이상 고온으로 오버히트가 발생합니다.

원인은 다양하지만 냉각수 부족이나 냉각팬 고장을 생각할 수 있습니다. 냉각수 부족이 원인이라도 단순히 냉각수가 부족한지 아니면 어디서 새고 있지는 않은지 면밀히 살펴봐야 합니다. 냉각수 이외의 문제라면 무리하지 말고 신속히 보험 회사에 연락합시다.

대처법

안전한 장소로 이동한 후 보험 회사에 연락한다. 다음은 냉각수 부족시 대처법이다. 상식으로 알아두자.

1 선선한 장소에서 식힌다

오버히트 발생 시 무리하게 주행하면 위험하다. 감속하여 엔진에 부담을 줄여도 수온계가 떨어지지 않으면 선선한 장소에 정차시키고 엔진을 멈춘다.

2 냉각수를 체크한다

수온계가 내려간 것을 확인하고 라디에이터 냉각수 탱크의 잔량을 체크한다. 화상 위험이 있으니 뚜껑은 열지 말고 밖에서 확인한다. 냉각수가 부족하면 충분히 식힌 후 뚜껑을 열고 냉각수를 주입한다.

냉각수가 없을 때는 소량의 수돗물을 사용한다.

길을 잃었는데 여기가 어딘지 모르겠어요.

 주유소나 편의점을 찾아 물어봅시다.

누구나 처음 가는 곳에서 길을 잃고 헤매본 경험이 있을 겁니다. 주택가 골목길에서 길을 착각하면 전혀 다른 장소가 나오기도 합니다. 주택가에는 주소 표지판도 있고 거리에 사람도 있기 때문에 물어보면 됩니다.

하지만 인적도 없고 통행하는 차량도 없는 산길에서 길을 잃어버렸다면 어떡할까요? 이럴 때일수록 자동차 내비게이션이나 스마트폰의 지도 어플리케이션이 큰 도움이 됩니다. 최소한 자동차 내비게이션만 켜둔다면 애초에 길을 잃는 일은 거의 없습니다. 방향감각이 둔한 편이라면 자동차 내비게이션 장착을 추천합니다(96쪽 참조).

자동차 내비게이션이 없다면 지도에 의지해야 하는데 산중이라서 자신이 어디에 있는지 알 수 없다면 지도도 무용지물입니다. 그렇다면 어떻게 해야 할까요? 다음 사항을 먼저 파악해봅시다.

① 올바른 방위를 확인한다.
② 큰 도로를 찾아본다.

초조해하거나 근거 없는 상상은 금물입니다. 만약 오지의 산중이라 돌아오는 길도 모르겠고 날도 저물고 있어 생명의 위험을 느낀다면 헤매다가 시간과 연료를 허비하지 말고 신속히 경찰에 연락하여 구조를 요청합시다.

대처법

1 주택가라면 행인에게 물어본다

근처 주민에게 물어봤는데 운전을 하지 않아 잘 모르겠다고 대답하면 일단 현재 위치, 방위, 큰 도로의 방향 등을 물어보자.

2 주유소나 편의점 직원에게 물어본다

주유소나 편의점이 있다면 현재 위치와 방위, 큰 도로로 나가는 방향을 물어본다. 빨리 가기보다는 알기 쉬운 길을 알려달라고 하자.

4 아는 곳까지 돌아간다

오도 가도 못하는 상황이 오기 전에 길을 잃은 위치로 돌아가는 게 무난하다. 시간은 걸리지만 가장 안전하다.

3 늦은 밤에는 하늘이 밝은 쪽으로 간다

한밤중인데 주변에 아무것도 없다면 가능한 한 밝은 빛이 보이는 방향을 찾아간다. 거리의 불빛일 수 있다.

5 휴대전화로 현재 위치를 검색한다

전파가 터지는 지역이라면 휴대전화로 위치를 파악한다. 스마트폰으로 지도 어플리케이션과 GPS 기능을 이용하여 정확한 위치를 파악할 수 있다.

이외에 방위를 파악하는 방법
- 낮이라면 태양의 위치를 본다.
- 바다나 산의 위치를 본다.
- 아파트 베란다는 남쪽일 가능성이 높다.

 **접촉사고를 일으켰다면 뭘 해야 하나요?**

 먼저 연락처를 교환하고 경찰에 신고합시다.

사고를 내고 싶은 사람은 아무도 없겠지만 운전은 언제나 사고의 위험에 노출되어 있습니다. 사고가 발생했을 때 가장 중요한 점은 피해나 영향을 최소화하는 일입니다.

먼저 접촉사고 또는 추돌사고가 일어났다면 신속히 사고 현장을 촬영하고 보험 회사에 알린다. 그 후 안전한 장소로 이동하여 2차사고를 방지해야 합니다. 도로에 차량 파편이 흩어져 있거나 기름이 새어 나왔다면 뒤 차량이 펑크가 나거나 미끄러질 수 있으므로 고장 표지판을 설치하여 통행을 제한합니다.

고속도로에서는 하차 자체가 위험하므로 충분히 주의합시다. 그리고 고장 표지판은 주간 100m, 야간 200m 이상 후방에 설치합니다. 시야가 나쁘고 차량 이동이 불가능하다면 불꽃 신호기로 위급 상황을 알릴 필요도 있습니다. 그리고 서로 큰 부상이 없다면 이른바 '대물사고'입니다. 연락처를 교환하고 보험 회사와 경찰에 연락합니다.

사고도 경미하고 상대가 바쁜 일이 있다고 하여 경찰에 신고하지 않고 적당히 처리하고 싶을 때도 있습니다. 하지만 기본적으로 경찰의 현장 조사 없이는 사고 증명은 물론이고 보험 처리도 불가능합니다.

그리고 사고 시에는 '괜찮다'고 했지만 며칠 지나서 부상이 크다며 치료비를 내라고 말을 바꾸는 경우도 허다합니다. 정식 교통사고로 처리되면 벌점을 받거나 보험금이 올라가기 때문에 이를 꺼리는 사람도 있습니다. 하지만 나중에 생길 문제를 방지하기 위해서라도 정식으로 처리하기 바랍니다.

1 사고 현장을 촬영한다

사진이나 동영상으로 사고 현장을 기록하고, 뒤차에 방해가 되지 않도록 안전한 장소로 이동한다. 갓길 등 노상에 정차했다면 뒤차가 잘 보이도록 고장 표지판을 설치한다.

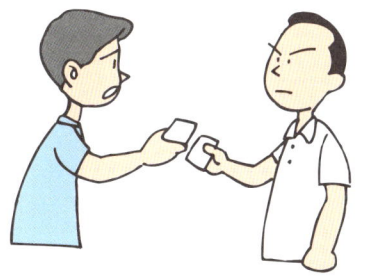

2 상대와 연락처를 교환한다

냉정을 찾고 사고 수습을 한다. 서로 면허증과 자동차 보험증 등을 보여주고 연락처를 교환한다.

3 보험 회사에 연락한다

보험 회사에 연락하여 사고 상황을 상세히 설명한다. 이후 상세 교섭은 보험 회사에 맡긴다. 보험료가 올라간다며 연락을 꺼리는 사람도 있지만 교섭이 잘 안 된다면 보험 회사로 연락하는 편이 좋다.

4 경찰에 신고하여 현장검증을 한다

경찰에게 현장검증을 받고 면허증, 차량 등록증(검사증)을 제시한다. 상대가 일방적으로 가버렸더라도 경찰에 신고하자. 카메라가 있다면 현장을 촬영해둔다. 도로교통법을 위반한 사실이 있다면 경찰서에서 며칠 후 연락을 줄 것이다.

반드시 확인해야 할 사항

- 상대방의 면허증(이름, 주소, 면허번호)
- 상대방의 차량 번호
- 상대방의 보험 회사명

절대 해서는 안 되는 일

- 그 자리에서 각서로 처리하기

> **Q. 만일 인명사고를 일으켰다면 어떡하면 될까요?**

A 부상자 구조와 안전 확보를 최우선으로 하고 바로 구급차를 부릅니다.

인명사고가 발생했다면 먼저 부상자 구조에 힘쓰고 안전을 확보해야 합니다. 2차사고가 일어나지 않도록 차를 안전한 장소에 정차시키고 부상자도 안전한 장소로 이송합니다. 부상에 따라서는 움직이지 않는 편이 좋을 수도 있으므로 상태를 보고 최소한의 이동만 합시다. 그리고 바로 119로 연락합니다. 당황하더라도 빨리 냉정을 찾고 '현재 위치' '사고 종류' '부상자 수와 상태' '자기 이름과 전화번호' 등을 알립니다.

중상자가 있다면 구급차가 오기까지 다음과 같은 순서로 응급처치를 합니다.

① 출혈이 있다면 지혈한다.
② 의식을 확인하고 호흡이 불충분하면 기도를 확보한다.
③ 호흡이 없다면 인공호흡을 한다.
④ 맥박이 없다면 심폐 소생술을 시행한다.

이처럼 많은 일을 한 번에 해내야 합니다. 혼란스럽겠지만 주변에 사람이 있다면 도움을 요청하고 냉정하게 대응합시다. 만약 부상자가 괜찮다고 하더라도 일단 구급차를 불러 병원에서 검사를 받는 게 좋습니다. 그리고 대물사고와 마찬가지로 경찰에 신고하고 현장 조사를 받습니다. 보험 회사에도 연락해야 합니다. 나중에 생각보다 중상이었다고 보상을 요구하거나 서로 불신으로 인해 일이 복잡해지는 사례도 많습니다.

1 부상자 상태를 보고 안전한 장소로 이동

부상자는 움직이지 않는 편이 좋을 수도 있으니 세심한 주의가 필요하다. 의식이 없다면 움직이지 말자. 부상자가 경추나 척추에 이상이 없다는 전제하에 안전한 장소로 이동시킨다. 상체를 세우고 양쪽 겨드랑이 사이로 손을 넣어 부상자의 한쪽 팔을 잡는다. 다리는 한쪽으로 겹치고 엉덩이가 가볍게 들리는 정도로 올려서 움직인다. 2차 부상에 주의한다.

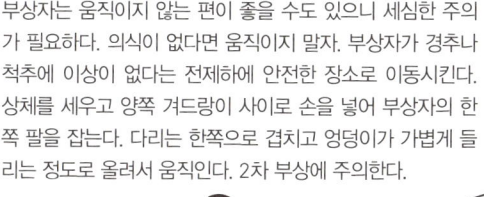

2차사고를 방지하기 위해 필요하다면 고장 표지판을 설치한다. 혼자서 모든 일을 한 번에 할 수 없기 때문에 주변에 사람이 있으면 도움을 요청한다.

2 경찰과 구급대에 연락

먼저 119 구급대에 연락한다. 경찰에는 부상자 처치가 일단락된 뒤에 연락해도 된다. 주변에 사람이 있다면 대신 연락을 요청하자. 하지만 '누군가 연락했겠지'라고 마음을 놓지는 말자.

3 현장 조사와 보험 회사 연락

대물사고와 마찬가지로 경찰의 현장 조사를 받고 보험 회사에도 연락한다. 피해자와 구체적인 교섭은 보험 회사에 맡기면 되지만 신속히 사죄하고 병문안을 가도록 한다.

철길 건널목을 건널 때는 무엇을 주의해야 할까요?

 건너편에 공간이 충분할 때 진입합시다.

AT차의 보급으로 엔진이 멈추는 상황이 많이 사라졌습니다. 그래서 철길 건널목 사고도 많이 줄었지만 아주 없어진 것은 아닙니다. 철길 건널목을 건널 때는 충분히 주의하고 다음과 같은 기본 사항을 지키도록 합시다.

① AT차라도 건널 때는 기어를 변경하지 않는다.
② 배수로에 빠지지 않도록 주의한다.
③ 경보기가 울리면 진입하지 않는다.
④ 건너편에 충분한 공간을 확보하고 진입한다.

①, ②를 주의하지 않으면 큰 사고로 이어질 수 있습니다(154쪽 참조). ③은 당연한 말이지만 건널목을 건너기 전에 일시 정지합니다. 경보기나 차단기가 있는 건널목은 창문을 열 필요는 없지만 가능하면 주변 소리에도 신경을 쓰도록 합시다.

④는 정체 시 교차로 상황과 같습니다. ③, ④를 게을리하면 앞차 때문에 건널목을 다 건너지 못했는데 차단기가 내려오는 상황이 생기기도 합니다. 이런 상황이 생기면 신속히 탈출해야 합니다. 앞에 공간이 없다면 경적을 울려서 조금이라도 움직일 수 있도록 노력합시다. 앞차가 좀처럼 움직여주지 않는다면 앞차의 옆 공간에 차를 밀어 넣어야 합니다. 차단기가 내려왔더라도 억지로 밀면 열리기 때문에 주저하지 말고 진행합시다.

빈 공간을 확인하고 진입한다

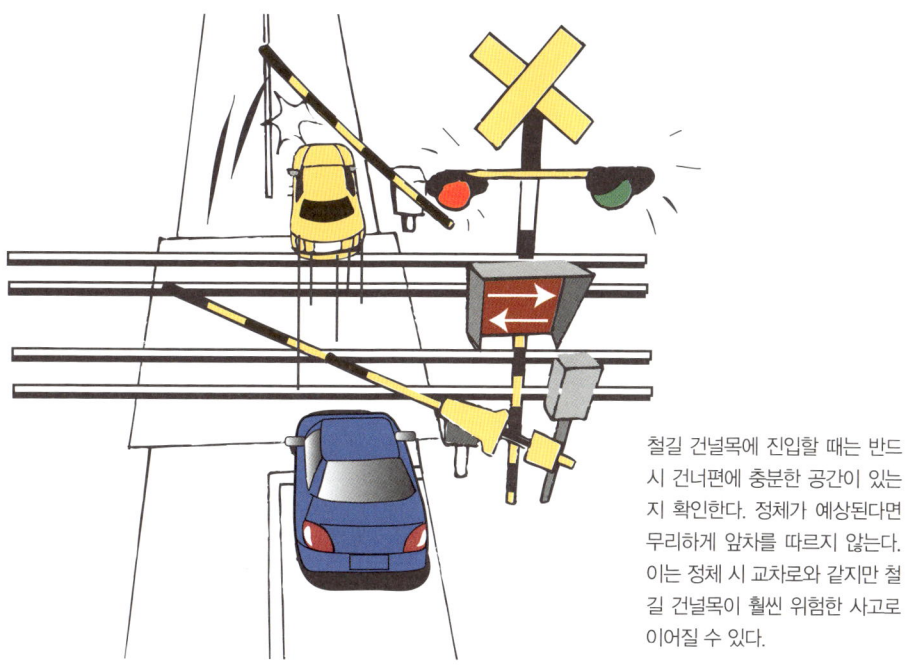

철길 건널목에 진입할 때는 반드시 건너편에 충분한 공간이 있는지 확인한다. 정체가 예상된다면 무리하게 앞차를 따르지 않는다. 이는 정체 시 교차로와 같지만 철길 건널목이 훨씬 위험한 사고로 이어질 수 있다.

탈출 공간이 없을 때는 앞차들이 밀착하도록 독려한다

 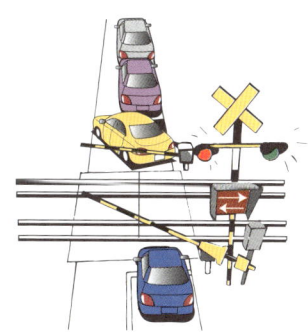

1 건널목 진입 후 차단기가 내려왔다면 전진한다

차단기는 밀면 수평으로 움직여 열린다. 부러지는 경우도 있지만 어쩔 수 없다(다만 배상해야 한다).

2 탈출 공간이 없다면 앞차들이 밀착하도록 요구

건널목을 지났지만 차 뒤가 차단기에 걸렸다면 앞차들이 조금이라도 전진하도록 재촉한다. 앞차가 반응이 없거나 정체로 인해 불가능하다면 반대편 차로를 포함해서 이동이 가능한 공간을 찾아 억지로라도 탈출하자.

철길 건널목에 차가 멈춰 섰다면 어떡하면 될까요?

 차를 밀어서 빠져나갈 수 없다면 열차를 멈춰 세웁시다.

건널목 안에서 차가 움직이지 못하는 상황이라면 대형사고로 이어질 수 있습니다. 차가 움직이지 않는다면 다음의 두 가지 이유를 생각해볼 수 있습니다.

① 갑자기 엔진이 멈춘 후 시동이 걸리지 않는다.
② 바퀴가 배수로 등에 빠졌다.

이때 차량 탈출과 열차 정지 중 무엇을 우선시해야 할까요? ①의 경우라면 열차가 오기 전에 차를 밀어서 빠져나갈 수 있다는 확신이 있을 때 탈출을 시도합니다. 예를 들어 차가 가볍고 빠져나갈 거리가 짧으며 주변에 도와줄 사람이 많은 상황이라면, 그리고 열차가 지나간다는 경보가 없다면 시도해볼 만합니다. 이때는 기어를 N레인지에 두어야 합니다.

하지만 신속히 차량을 밀어서 움직일 수 없거나 ②의 상황이라면 열차를 멈춰 세우는 게 우선입니다. 철도교통관제센터에 연락하거나 건널목에 설치된 비상 전화기 또는 표지판에 안내된 전화번호를 이용해 현재 상황을 철도회사와 근처에서 주행 중인 기관사에게 알립니다. 그리고 열차가 멈춘 것을 확인한 후 차량을 탈출시킵니다.

만약 연락할 방법이 없다면 불꽃 신호기를 터트려 열차가 볼 수 있도록 합니다. 대개 불꽃 신호기를 들고 열차가 오는 방향으로 뛰라고 하지만 선로가 많으면 열차가 오는 방향이 애매할 수도 있습니다. 이때는 건널목 부근에서 계속 불꽃 신호기로 신호를 보냅시다.

불꽃 신호기는 의외로 단시간에 꺼지므로 주변에 연기가 많이 날 듯한 물건도 같이 태웁시다. 또 불빛을 내는 비상 신호기가 있다면 이 또한 유효합니다. 동시에 경찰과 철도 회사에도 연락합니다.

열차를 정지시키면 상당액의 배상금을 철도 회사에 지불해야 합니다. 이런 일이 발행하지 않도록 사전에 차량 정비와 안전 운전에 만전을 기합시다.

STEP 1

비상 전화기로 연락한다

비상 전화기나 표지판에 안내된 전화번호를 이용해 철도회사에 통보한다.

STEP 2

연락할 방법이 없다면 불꽃 신호기를 활용하자

불꽃 신호기는 대개 이런 장소에 장착한다.

경보기에 비상 통보 버튼이 없다면 불꽃 신호기를 터트려 열차에 직접 알린다. 불꽃 신호기는 대개 조수석 아래 부근에 둔다. 뚜껑 부분을 긁어서 착화시킨다.

STEP 3

그 외 연기가 많이 나오는 물건을 태운다

불꽃 신호기는 유지되는 시간이 몇 분 이내이기 때문에 그 후에는 연기가 많이 나오는 물건을 태워 대응한다. 라이터가 없다면 차에 있는 시가라이터를 이용한다. 경찰에도 알린다.

STEP 4

열차가 멈춘 것을 확인하고 이동시킨다

열차가 멈췄다면 차량을 탈출시킨다. 그리고 경찰이나 철도회사의 지시에 따른다.

Q. 차가 바다나 강에 빠졌다면 어떻게 탈출하나요?

A. 창문으로 빠져나오면 되는데 창문이 열리지 않으면 깨고 탈출합니다.

차가 강이나 바다에 빠지는 사고도 가끔 발생합니다. 빠진 직후에는 수면에 떠 있지만 차 안으로 물이 차면 서서히 가라앉기 때문에 신속히 탈출해야 합니다.

물에 빠지면 일단 문을 열어봅니다. 하지만 수압 때문에 열리지 않는 경우가 압도적으로 많습니다. 그리고 문이 열리면 물이 일시에 들어와 순식간에 가라앉기 때문에 주의해야 합니다.

문이 열리지 않으면 창문이나 선루프를 통해 탈출합시다. 하지만 이들은 전기로 제어하기 때문에 물에 빠지면 조작 불능일 수도 있습니다. 열리면 다행이지만 그렇지 않다면 유리를 깨고 탈출합니다.

만일의 사태에 대비해 비상 해머를 구입하여 운전석에서 바로 뺄 수 있는 장소에 설치해 둡시다. 자동차 용품점이나 인터넷에서 쉽게 구할 수 있습니다. 유리를 깨기 위한 해머와 안전띠를 자르기 위한 칼이 붙어 있습니다. 안전띠가 잘 풀리지 않으면 이 칼을 이용하면 됩니다.

유리를 깰 때는 한쪽 귀퉁이의 얇은 부분을 내리칩니다. 자동차 창문은 생각보다 튼튼하기 때문에 수차례 내려치지 않으면 깨지지 않을 수도 있습니다. 다만 깨지는 순간에 물이 차내로 밀려 들어오니 주의합시다.

탈출 후에는 경찰이나 보험 회사에 연락합니다. 한 번 물에 빠진 차량은 대부분 수리가 불가능하기 때문에 폐차해야 합니다.

1 창문이 열리면 창문으로 탈출한다

전동식 창문이라도 일단 개폐 버튼을 눌러보자. 운 좋게 열린다면 신속히 탈출한다. 귀중품을 챙길 여유가 없다.

2 창문이 열리지 않으면 해머로 깬다

해머 끝이 뾰족해야 하며 칼이 붙어 있는 가벼운 타입이 쓰기 편하다. 옆 창문이 깨기 쉽다. 유리의 중앙부보다는 귀퉁이 쪽이 잘 깨진다.

유리가 깨지면 곧장 유리 파편과 물이 밀려 들어온다. 당황하지 말고 다치지 않도록 주의하면서 탈출한다.

3 창문 탈출에 실패했더라도 포기하지 말자

창문이 열리지 않고 깰 수도 없다고 포기하지는 말자. 물이 머리 근처까지 차오르면 차량 안팎의 수압이 비슷해지므로 문을 열 수도 있다. 잠겨 있다면 잠금 장치를 해제한다. 대개 차량 앞쪽이 무거워서 먼저 가라앉기 때문에 실내에 여유가 있다면 뒷좌석으로 이동한다.

 **비 오는 날 고속도로에 나가면
정말로 핸들 조작이 쉽지 않나요?**

 급브레이크를 밟지 않는 게 중요합니다.

비 오는 날에 고속도로에서 속도를 높이다 보면 차체가 떠오르는 느낌을 받거나 차량의 진동을 느끼지 못할 때가 있습니다. 이것을 '수막현상'이라고 합니다. 수막현상이라고도 하는데 타이어와 노면 사이에 수막이 생겨 미끄러지는 현상입니다.

브레이크는 물론이고 핸들도 조작 불능 상태에 빠지는데 이때 급브레이크를 밟거나 핸들을 급하게 조작하면 차체가 회전해서 대형사고로 이어질 수 있습니다. 따라서 급작스러운 차량 조작은 절대 금물입니다.

이럴 때는 핸들을 꽉 쥐고 액셀러레이터를 밟은 발에 힘을 빼면서 그대로 기다리는 수밖에 없습니다.

차체가 비스듬히 미끄러져 돌아갈 때 여유가 있다면 타이어 진행 방향과 핸들이 수평을 이루도록 천천히 돌립니다. 이렇게 하면 차체가 다시 똑바로 돌아올 수 있습니다. 다음은 수막현상을 피하기 위한 방법입니다.

① 물웅덩이로 주행하지 않는다.
② 비 오는 날에는 속도를 높이지 않는다(시속 80km 이내).
③ 마모된 타이어는 사용하지 않는다.

고속도로 주행 중에 비가 오기 시작하면 평소보다 훨씬 미끄럽습니다. 빗물이 노면의

모래나 유분과 섞이기 시작하면서 미끄러지기 쉬운 막을 형성하기 때문인데 이를 '웨트 스키드'(wet skid) 현상이라고 합니다. 비 오는 날 고속도로 운전은 상당히 위험하므로 마음을 단단히 먹고 안전 운행합시다.

예방법

1 물웅덩이는 피한다

물웅덩이로 주행하면 그만큼 더 위험해진다. 급하게 물웅덩이를 피하는 운전은 좋지 않지만 미리 파악하여 가능한 한 피해 가자.

2 비 오는 날에는 감속한다

비가 오기 시작하면 감속한다. 젖은 도로는 정지거리가 길어진다. 당연히 감속해야 한다.

대처법

기다리다 보면 더는 미끄러지지 않는다. 그때까지 핸들을 꺾거나 급브레이크를 밟으면 안 된다. 미끄러짐이 사라지면 감속하여 계속 주행한다.

원인은 수막

수막현상은 타이어 접지면과 노면 사이에 얇은 수막이 형성되어 그 위로 미끄러지는 것을 말한다. 타이어가 마모될수록 일어나기 쉬운 현상이므로 타이어 홈의 깊이가 최소 1.6mm 이상은 되어야 한다.

앗! 핸들이 말을 안 들어.

 **잠시 자리 비운 사이에 차가 없어졌다면, 견인된 건가요?**

 견인되었다면 지정된 기관에 문의합시다.

잠시 자리를 비운 사이에 차가 없어졌다면 누구나 깜짝 놀랄 일입니다. 주정차 금지 지역이라면 견인됐을 가능성이 높습니다. 이때 노면에 고지서가 붙어 있기 때문에 견인 사실을 알 수 있습니다.

주차 위반으로 견인됐다면 여간 귀찮은 일이 아닙니다. 먼저 차량 보관 장소로 본인이 직접 가서 견인비와 보관료를 지불하고 차를 찾아와야 합니다.

불법 주차 시 위반 경고장을 창문에 붙이는 경우와 견인하는 경우가 있습니다. '불법 주차로 인해 장해나 위험이 발생할 소지가 있을 경우 견인한다'는 규정이 있지만 통보하고 견인하는 경우도 있어 그 기준이 명확하지 않습니다.

경찰은 주차 위반 차량에게 먼저 이동을 명령할 의무가 있어 곧바로 위반 스티커를 발급하지는 않습니다. 게다가 경찰은 지자체와 달리 범칙금 고지서를 발부하기 때문에 도로가 혼잡하고 운전자가 현장에 없다면 확성기로 차량 이동을 촉구하고 주차 위반 사실을 알리는 경우가 많습니다. 지자체가 실시하는 단속은 과태료 처분입니다. 따라서 운전자와 상관없이 고지서 발부나 견인이 가능합니다.

견인인지 도난인지 판단한다

1 견인

정차한 곳이 주정차 금지 지역이라면 견인되었을 가능성이 높다. 고지 내용이 있다면 견인이 확실하다.

2 도난

주정차 금지 지역이 아니며 고지 내용도 찾을 수 없다면 도난일 가능성이 높다. 당황하지 말고 바로 경찰이나 보험 회사로 연락한다.

대처법

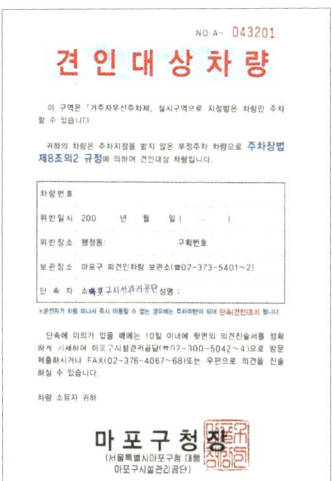

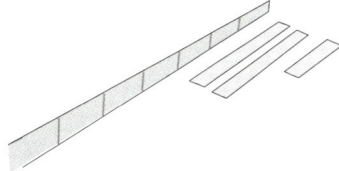

1 고지 내용이 자신의 차인지 확인

고지서에는 견인 사실과 함께 차량 번호, 위반 일시, 보관 장소 등이 적혀 있다.

주차 위반 스티커가 붙어 있다면?

견인은 피했지만 차량 유리에 주정차 위반 스티커가 붙어 있다면 고지서에 안내된 방법에 따라 과태료를 지불합니다.

2 지정된 보관 장소로 출두

차량 보관 장소로 본인이 찾으러 간다. 이때 견인료와 보관료를 납부한다.

차량 도난 방지를 위해서 무엇을 해야 할까요?

 방범 용품을 활용하여 긴급 상황에 대비합니다.

정차해둔 차가 없어졌는데 견인이 아니라면 도난일 가능성이 높습니다. 외부에서 도난되기도 하지만 자택 주차장에서 도난당할 수도 있습니다. 잠시 자리를 비웠을 뿐인데 차가 사라지는 경우도 있습니다.

특별한 고장 없이 바로 발견되기도 하지만 파손되어 발견되거나 해외로 판매되는 경우가 많습니다. 이런 일을 당하지 않기 위해서는 방범 대책을 강구해야 합니다. 표적이 되기 쉬운 차종도 있으므로 이런 차를 소유한 운전자는 특히 주의해야 합니다.

먼저 차내에 귀중품을 두면 도난될 가능성이 높아집니다. 귀중품만 도난당할 수도 있고 차량을 타고 도주하는 경우도 있습니다. 불가피하게 귀중품을 차내에 두어야 한다면 외부에서 보이지 않는 곳에 숨겨두도록 합시다.

163쪽에서 몇 가지 구체적인 예방법을 설명하겠습니다. 이외에도 다양한 방범 용품이 있으므로 자동차 용품점에서 찾아보도록 합시다. GPS 기능이 탑재되어 차량의 현재 위치를 검색할 수 있는 제품도 있습니다.

이모빌라이저 같은 최신 기술도 개발되어 효과를 보고 있지만 이런 기술을 무용지물로 만드는 기술이 개발되기도 합니다. 최신 방범 용품에 너무 의존할 게 아니라 스스로 주의해야 할 사항을 잘 지키도록 합시다.

예방법

1 밝고 감시가 잘되는 주차장을 이용한다

주차장도 도난의 표적이 되기 쉬운 곳과 그렇지 않은 곳이 있다. 일단 밝고 사람의 왕래가 빈번한 곳을 이용하자.

2 핸들 고정 기구를 사용한다

핸들을 고정하여 운전이 불가능하게 하는 '스티어링 휠 록'은 간단히 설치할 수 있고 가격도 저렴하다.

3 이모빌라이저를 이용한다

이모빌라이저 기능이란 차 열쇠에 전자칩을 장착하여 열쇠 ID와 차량 ID가 일치해야 시동이 걸리는 시스템을 말한다. 기본 사양으로 탑재된 차량도 있고 자동차 용품점 등에서 구입하여 설치할 수도 있다.

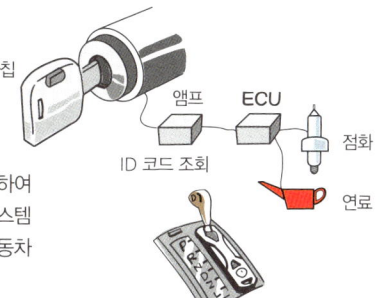

대처법

1 경찰(근처 지구대)에 도난 신고와 피해 신고를 한다

일단 경찰에 알려야 한다. 근처 관할 경찰서나 112번으로 연락한다. 그리고 도난 신고서를 제출하고 도난 신고 확인서를 발급받는다. 신고하지 않으면 보험 적용이 안 되니 필수다.

2 보험 회사에 신고

보험 회사에도 신고한다. 도난 차량이 발견되지 않으면 도난 당시의 차량 가액을 기준으로 산출한 보험금을 과실상계 없이 보상받을 수 있다.

신고 시 알고 있어야 할 사항

① 자동차 차대 번호
② 자동차 차량 번호
③ 자동차 색, 연식, 외관상 특징
④ 소유자와 사용자명
⑤ 도난 신고자명
⑥ 피해 연월일
⑦ 도난 장소
⑧ 도난 상황
⑨ 차량 내 물건

속도위반으로 잡혔을 때 어디로 가서 뭘 해야 하나요?

 이의신청이 아니라면 범칙금만 납부하면 됩니다.

제한속도 이내로만 주행하기는 현실적으로 거의 불가능합니다. 하지만 과속은 사고의 원인임을 명심해야 합니다. 경찰도 속도위반 단속은 게을리하지 않습니다. 속도위반으로 적발되는 경우는 다음과 같습니다.

① 경찰 순찰대에 적발
② 이동식 단속 카메라에 적발
③ 고정식 단속 카메라에 적발

②, ③의 경우 촬영되면 속도위반 고지서가 발부됩니다. 고지서를 가지고 가까운 경찰서나 지구대를 방문하면 범칙금 고지서를 발부받습니다.

①은 그 자리에서 스티커가 발부됩니다. 위반을 인정하면 사인이나 도장을 찍고 지정된 금융기관에 범칙금을 납부합니다. 범칙금과 벌점은 위반 수준에 따라 차등이 있습니다.

속도위반에 동의할 수 없다면 사인을 하지 말고 범칙금 납부도 하지 않습니다. 예를 들어 ②는 극히 드물긴 하지만 차량 번호를 제대로 판독 못한 경우도 있기 때문입니다. 하지만 재판을 통해 소명해야 하기 때문에 그만큼 각오가 필요합니다.

Drive Talk

도로교통사고감정사를 알아보자

교통사고를 일으켰거나 당했는데 상대방과 첨예한 의견 대립으로 곤란한 상황에 빠질 때가 있다. 이때 도로교통사고감정사를 이용해보는 것도 좋은 방법이다. 물론 사고가 발생하면 일차적으로 경찰서의 교통사고조사계가 사고 원인과 과실을 조사한다. 그리고 국립과학수사연구원의 교통사고분석과에 사건을 의뢰할 수도 있다. 하지만 이에 만족하지 못하거나 불신하는 사고 당사자도 있기 마련이다.

도로교통사고감정사는 교통사고의 원인을 체계적으로 조사하고 감정할 인력을 배출하기 위해 도로교통공단이 주관해 실시하는 국가 공인 자격이다. 이 자격을 소지한 사람들은 교통사고 관련 당사자들의 주장이 상반되어 이를 판단하기 어려운 경우에 과학적이고 체계적인 조사와 분석을 진행한다.

이들의 직무 내용으로는 도로상에서 발생하는 교통사고의 조사, 교통관련법규에 대한 이해, 교통사고의 정확한 원인 규명 및 과학적 해석, 교통사고의 재현, 교통사고에 대한 감정서 작성 등이 있다. 결국 도로교통사고감정사는 비전문가가 판단하기 어려운 과실 여부와 사고 원인을 밝히는 게 목적으로, 갈수록 복잡해지는 교통사고 분쟁에서 중요한 역할을 맡을 것으로 예상된다.

7장

[남들에게 물어보기
민망한 기초 지식]

이 장에서는 가장 기본이 되는 내용을 정리했습니다. 당연히 알고 있어야 하는 내용이지만 몰랐거나 막연했던 지식도 있을 겁니다. 이번 기회에 자신의 기초 지식을 정리하는 계기가 되었으면 합니다.

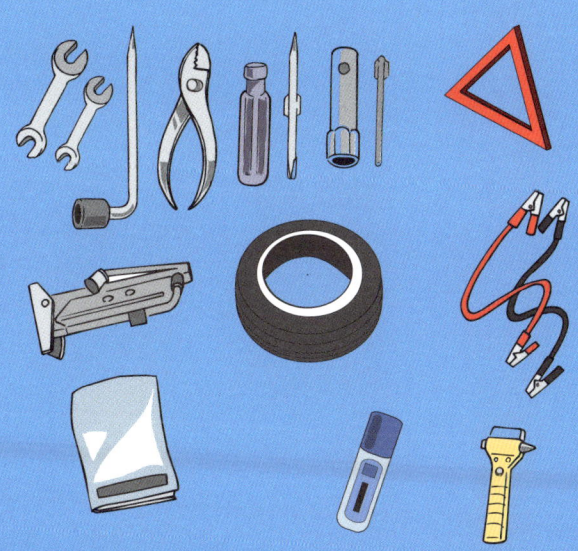

'운전 전에 점검해라'라고 하는데 무엇을 어떻게 해야 하나요?

A 매번 다 할 수는 없습니다. 주요 체크 항목을 살펴봅시다.

운전 전에는 항상 점검부터 하라고 배웠지만 매번 보닛을 열어 모든 항목을 체크하는 사람은 아마도 없을 겁니다. 특히 매일 운전하는 사람에게는 현실적으로 불가능한 일이기 때문에 '특별히 중요한 부분'을 정기적으로 점검하도록 합시다. 점검해야 할 사항은 다음과 같이 크게 세 가지로 나눌 수 있습니다.

① 운전석에서 점검
② 차량의 주변 점검
③ 엔진룸 점검

①은 아주 기초적인 점검 항목입니다. 그다지 번거롭지 않으니 24쪽을 참고하여 매번 체크하도록 합시다. ②도 가능한 한 매번 점검하도록 합시다. 주로 타이어의 상태를 체크하면 됩니다. 공기압은 충분한지, 눈에 띄는 상처는 없는지, 마모의 정도는 어떤지, 작은 돌멩이나 철사 등이 박혀 있지 않은지 등을 살펴보면 됩니다.

문제는 ③입니다. 매번 살펴보기 쉽지 않으므로 며칠에 한 번씩 본인의 상황에 맞춰 정기적으로 점검하면 됩니다. 고장이나 사고는 자신의 책임이므로 가급적 자주 합시다.
③의 체크 항목은 169쪽에서 설명하겠습니다. 특히 각종 액체의 잔량이 중요한데 '엔진 오일' '라디에이터 냉각수' '브레이크 오일' 등을 살펴보면 됩니다.

라디에이터 냉각수
라디에이터의 리저버탱크 뚜껑을 열어 잔량이 어느 정도인지 MAX와 MIN 사이를 체크하고 필요하다면 냉각수를 보충한다. 부족하면 오버히트의 원인이 된다.

퓨즈 박스
뚜껑에 종류별로 이름이 적혀 있으니 전기류가 작동하지 않으면 살펴본다.

브레이크액
브레이크의 리저버 탱크는 열지 말고 탱크 안의 잔량을 체크한다. 부족하면 정비소에서 보충한다. 교체가 필요한 경우도 있다.

에어클리너
에어클리너의 엘리먼트에 먼지가 쌓여 있는지 체크한다. 차종에 따라 다르지만 주행거리 4만~6만 Km마다 엘리먼트의 교체를 권장하고 있다.

팬 벨트
엔진을 정지하고 벨트를 눌러봐서 10mm 정도 탄력이 있으면 적당하다. 너무 탄력이 없거나 많아도 좋지 않다. 손상된 곳은 없는지 체크하자.

워셔액
워셔 탱크의 뚜껑을 열고 잔량을 체크한다. 부족하면 보충한다. 주방세제에 물을 타서 사용해도 된다.

엔진 오일 주입 뚜껑

배터리
배터리 터미널의 부식 상태를 점검하고, 지시등이 녹색인지 확인한다. 녹색이면 정상이고 검은색이면 전해액 부족이다.

엔진 오일 레벨 게이지
오일 뚜껑 부근에 부착되어 있다. 오일 레벨 게이지라는 막대기를 찾는다. 이 게이지를 빼서 천으로 닦아내고 원래 자리에 넣은 뒤 다시 빼낸다. 오일이 묻은 부분이 F(Full)와 L(Lower) 사이라면 문제없다. 부족하면 보충하자. 또 엔진 오일은 오염되기 때문에 취급 설명서에 명시된 기간과 주행거리에 따라 교체한다.

❖ 차종에 따라 위치나 점검 방법이 다를 수 있으니 차량 취급 설명서를 참조합니다.

 **에어컨을 효과적으로 사용하고 싶어요.**

 차내가 열기로 가득하다면 환기 후에 켜는 게 좋습니다.

자동차 에어컨은 엔진의 힘으로 작동되므로 빈번히 사용하면 연비가 나빠집니다. 효율을 생각해 경제적으로 사용합시다.

　여름철 차량 내부의 온도는 상당히 높습니다. 바로 에어컨을 켜도 좀처럼 시원해지지 않으니 먼저 환기를 해서 온도를 낮춘 후 에어컨을 작동하는 게 경제적입니다. 또 비 오는 날은 디프로스터를 켜면 에어컨도 동시에 작동되어 창문 습기 제거에 효과적입니다.

에어컨을 켜기 전에 환기하자

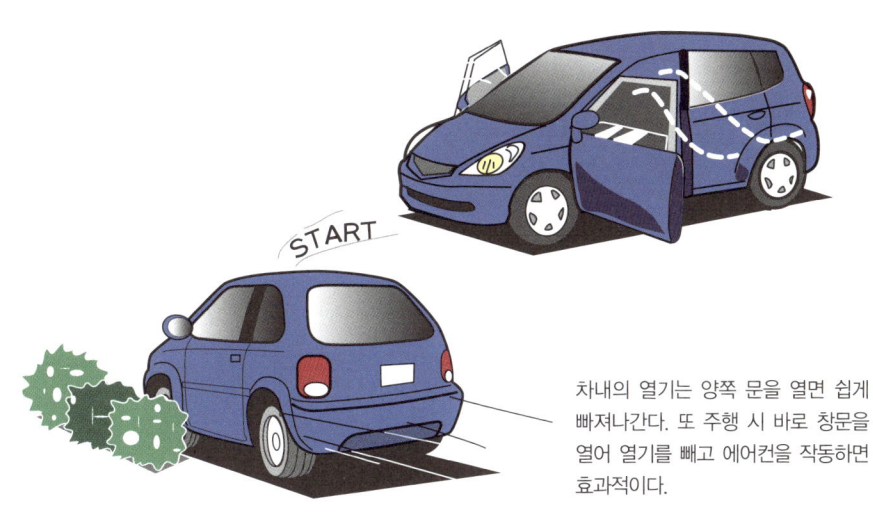

차내의 열기는 양쪽 문을 열면 쉽게 빠져나간다. 또 주행 시 바로 창문을 열어 열기를 빼고 에어컨을 작동하면 효과적이다.

습기 제거에 효과적

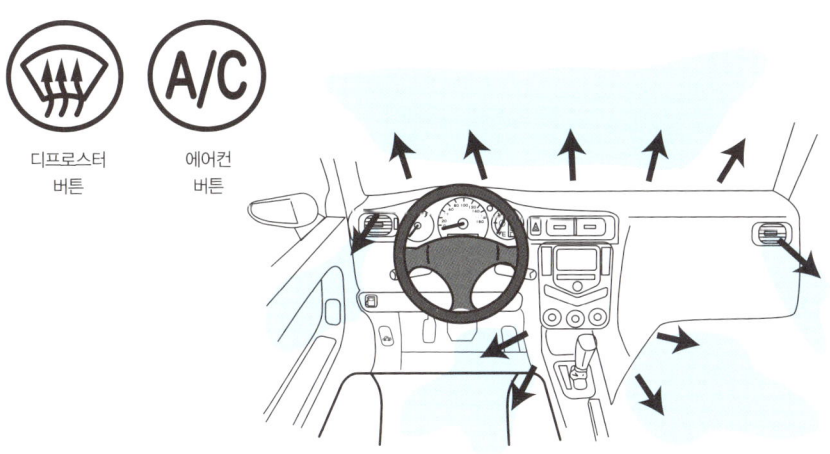

디프로스터 버튼

에어컨 버튼

건조된 공기로 창문의 습기를 제거해주는 장치가 디프로스터다. 에어컨을 같이 작동하는 차종도 많다.

 **와이퍼 점검법을 알려주세요.**

 작동 상태 외에 고무의 마모나 워셔액도 체크합시다.

와이퍼는 빈번히 사용하므로 정기적으로 점검합시다. 브러시를 이용하여 세제를 넣은 미지근한 물로 청소합니다. 청소를 해도 유리에 닦은 흔적이 남는다면 블레이드 고무를 교체할 시기입니다. 교체할 때는 차종에 따라 모델이 다르기 때문에 주의합시다.

와이퍼는 나사의 조임이 헐거워질 수 있으니 움직임이 이상하다면 살펴봅니다. 또 깨끗한 시야 확보를 위해서 워셔액 점검도 게을리하지 말아야 합니다. 부족하면 경고등이 켜지는 차량도 있습니다.

와이퍼는 정기적으로 점검하자

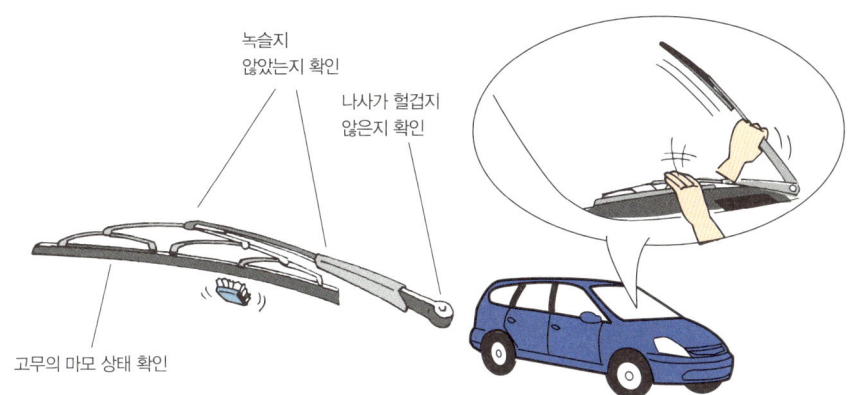

고무를 지탱하는 부분을 블레이드라고 하고 유리에 직접 닿는 고무를 블레이드 고무라고 한다. 블레이드 고무의 마모 여부와 금속 부분의 녹 여부, 나사의 조임 상태 등도 체크하자.

모터는 작동하는데 정상적으로 움직이지 않는다면 유리를 깨끗이 닦고 손으로 움직여보자. 한쪽만 움직이지 않으면 장착이 헐겁기 때문이다. 모터가 작동하지 않는다면 퓨즈를 점검하자.

워셔액 점검도 중요하다

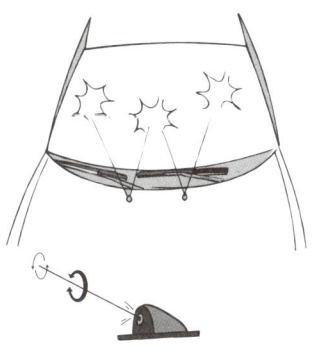 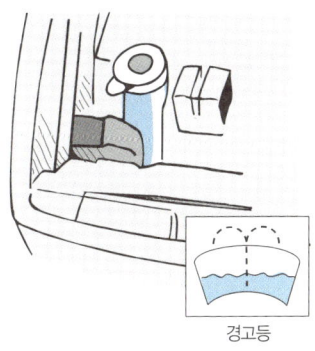

워셔액 분사구의 노즐이 막혔다면 바늘로 제거한다. 노즐 위치는 조정 가능하다.

워셔액은 대개 와이퍼 스위치 부근에 있는 버튼을 누르면 분사된다. 위의 그림처럼 경고등이 켜지면 잔량 부족이므로 보충하자.

타이어 종류가 너무 많은데 어떻게 선택하면 될까요?

 여름용 레이디얼 타이어를 선택하면 무난합니다.

눈이 내리지 않는 온화한 지역이라면 보통 여름용 레이디얼 타이어(radial tire)가 좋습니다. 레이디얼 타이어는 튼튼해서 장기간 사용이 가능하며 지면과의 마찰력도 뛰어납니다. 한때는 승차감이 나쁘다고 알려졌는데 지금은 개선되었습니다.

눈이 많거나 도로가 자주 얼어붙는 지역이라면 덜 미끄러지는 겨울용 타이어가 좋습니다. 스파이크 타입이 금지된 지금은 스터드리스 타이어가 거의 유일하다고 해도 과언이 아닙니다. 물론 레이디얼 타이어에 체인을 장착하는 방법도 있습니다.

겨울철에 '평소 눈은 잘 안 오지만 주말에 스키장에 간다'는 운전자는 매번 체인을 장착하기보다 겨울 동안만 스터드리스 타이어로 운행하는 편이 편리합니다. 단, 타이어체인에 비해 고가이며 네 개를 세트로 구비하고 있어야 합니다. 또한 타이어를 보관할 장소도 확보해야 하니 본인의 상황에 맞게 선택하도록 합시다.

그리고 타이어는 차량에 따라 규정 사이즈가 다르므로 자기 차에 맞는 타이어를 선택해야 합니다. 타이어는 소모품이라 마모되면 문제를 일으키기 전에 미리 교체해야 합니다. 마모 한계선(slip sign, 트래드 홈의 깊이를 쉽게 확인할 수 있는 표시)이 보이면 바로 교체합시다.

타이어 상태를 체크하자

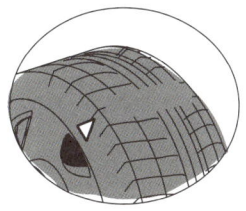

타이어가 마모되어 홈의 깊이가 1.6mm 정도 되면 교체를 권고하는 마모 한계선이 나타난다. 이런 사인이 나타나기 전에 교체하기 바란다.

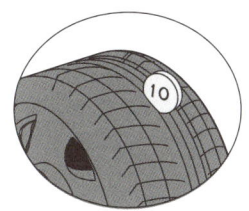

타이어 홈이 4mm 정도라면 안심이다. 자가 없다면 동전으로 대략 재어본다. 홈이 부분적으로 사라졌다면 위험한 상태이니 교체하기 바란다.

평소 점검도 중요하다

타이어 홈에 작은 돌멩이가 꼈다면 드라이버 등으로 제거한다. 철사가 꽂혔다면 정비소로 가서 바로 점검받자.

타이어 사이즈도 주의하자

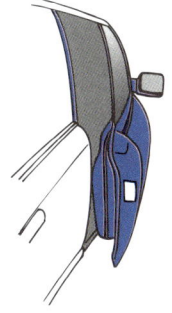

차문에 타이어 사이즈가 기록된 스티커가 붙어 있다. '185/70 R14'라면 폭 185mm, 편평률(타이어 높이와 폭의 비율) 70%, 휠 직경 14인치, 레이디얼 타이어(R)라는 의미다.

타이어의 종류

종류		특징
여름용 타이어	레이디얼 타이어	현재 주류 타이어. 내구성과 지면과의 마찰력이 뛰어나다. 눈이나 빙판길이 없는 지역이라면 연중 사용 가능하다.
	바이어스 타이어	레이디얼 타이어 이전에 주류였다. 충격이 적어 승차감이 좋다. 하지만 마모가 빠르며 그립 성능이 뛰어나지는 않고, 저렴해도 최근에는 별로 인기가 없다.
겨울용 타이어	스파이크 타이어	겨울용으로 보급되었지만 도로포장의 마모 및 분진 발생이 문제가 되어 현재는 원칙적으로 사용 금지이며 판매도 금지.
	스터드리스 타이어	현재 겨울용 타이어의 주류다. 눈길이나 빙판길에서도 그립 성능이 우수하지만 스파이크 타이어에 비해 떨어진다.
사계절 타이어		계절에 구분 없이 사용하는 편리한 타이어. 계절 전용 타이어에 비해 각각의 성능이 다소 떨어진다.

잭 사용법과 타이어 교체법을 알려주세요.

 시간이 있을 때 한 번쯤 연습해둡시다.

잭은 결정적인 순간에 중요한 역할을 하기 때문에 한 번쯤 사용법을 연습해둡시다. 타이어 교체는 물론이고 바퀴가 배수로 등에 빠졌을 때도 도움이 됩니다.

차량 구매 시 장착되어 있는 펜터그래프식은 '시저 잭'이라고도 합니다. 사용할 일이 많지 않기 때문에 이것으로 충분하지만 타이어 교체 빈도가 높다면 유압식 잭을 준비해두는 게 편리합니다.

지면이 평평하고 단단한 장소에서 사이드 브레이크를 걸고 차량 후방에 고장 표지판 등을 설치한 뒤 잭이 빠지더라도 다치지 않을 위치에서 작업합시다.

STEP 1

안정된 장소에서 설치한다

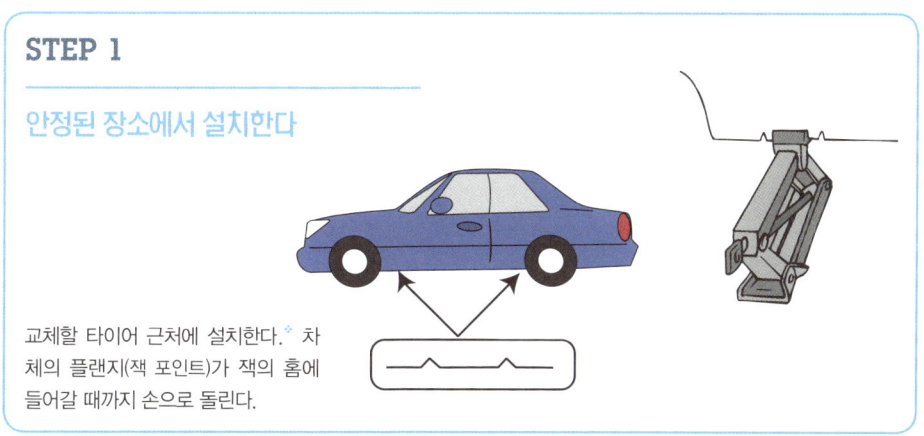

교체할 타이어 근처에 설치한다. 차체의 플랜지(잭 포인트)가 잭의 홈에 들어갈 때까지 손으로 돌린다.

STEP 2

렌치로 너트를 푼다

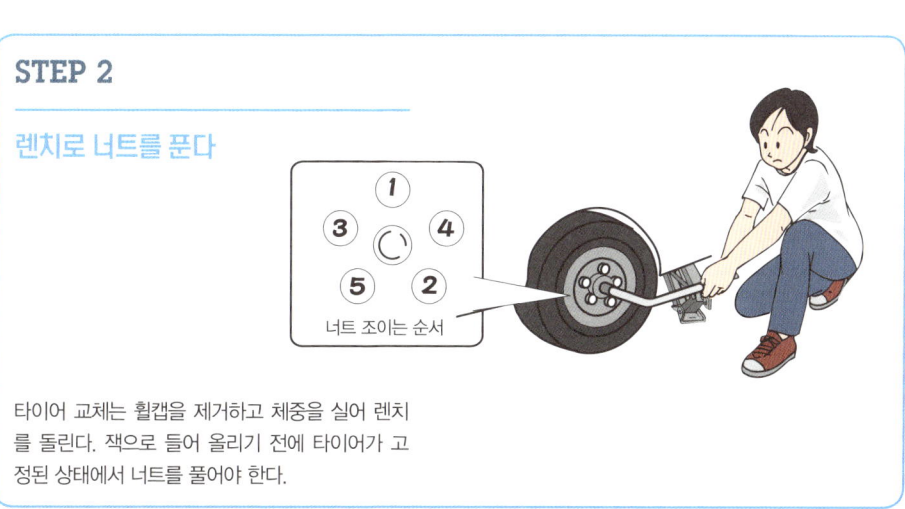

너트 조이는 순서

타이어 교체는 휠캡을 제거하고 체중을 실어 렌치를 돌린다. 잭으로 들어 올리기 전에 타이어가 고정된 상태에서 너트를 풀어야 한다.

STEP 3

잭의 핸들을 돌린다

잭의 핸들을 돌려 타이어가 들릴 때까지 차체를 들어 올린다.

❖ 차종에 따라 설치 위치가 다르므로 차량 취급 설명서를 참조합시다.

> **Q. 차에 항상 구비해둬야 할 물건이 있다면 뭔가요?**

A 기본 공구를 중심으로
사고 시 필요한 물건을 준비합시다.

차를 구매하면 기본 공구류와 스페어타이어가 구비되어 있습니다(요즘에는 스페어타이어 대신 펑크 수리 키트가 들어 있는 경우도 있다). 이외에도 유비무환이라는 생각을 갖고 긴급 상황에 활용할 수 있는 물건은 스스로 준비합니다.

　기본 공구는 최소한의 용품만 구비되어 있기 때문에 필요나 취향에 따라 추가로 준비하면 됩니다. 또 운행 목적에 따라 준비해야 할 물건은 다양합니다. 겨울철이나 산길 주행이 계획되어 있다면 평소보다 많은 준비물이 필요합니다. 긴급 연락처도 정리해서 메모해두면 도움이 됩니다.

차량 상비 용품

●기본 공구
(차량 구매 시 구비되어 있는 물건)

●본인이 준비
(스스로 구매해서 준비할 물건)

기본 공구
잭
정비 수첩
(차량 검사증, 매뉴얼)
스페어타이어
정지 표지판
부스터 케이블
불꽃 신호기
라이프 해머

장거리 운행시 편리한 용품

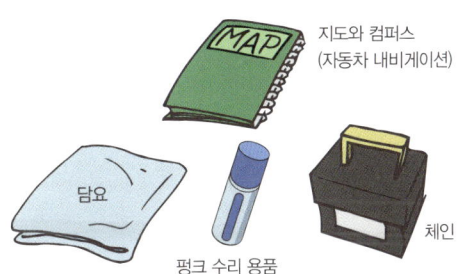

지도와 컴퍼스
(자동차 내비게이션)
담요
펑크 수리 용품
체인

장거리나 산길, 눈길 등이 예상된다면 준비하자. 담요는 차내 귀중품을 가리거나 진창에 바퀴가 빠졌을 때 탈출용으로 활용할 수 있다.

차에 생긴 작은 흠집은 어떻게 하면 되나요?

 작은 흠집이라면 컴파운드 등으로 없앨 수 있습니다.

아끼는 차에 흠집이 생기면 가슴이 아픕니다. 움푹 패이거나 큰 자국이라면 어쩔 수 없이 정비소에 맡겨야 하지만 작은 흠집 정도는 스스로 손볼 수 있습니다.

일단 작업 전에 세차하여 먼지나 여러 이물질을 제거합니다. 그렇지 않으면 먼지와 이물질이 달라붙어 작은 흠집이 더 생길 수 있습니다.

먼지를 제거한 후에는 컴파운드를 부드러운 천에 발라서 닦습니다. 컴파운드란 왁스에 연마제를 섞은 것으로 표면을 극도로 얇게 사포질하는 효과가 있습니다.

긁힌 홈집인 경우 　　　　　작은 홈집인 경우

긁히거나 자갈 등이 튀어 생긴 흠집은 본인이 얇게 도색을 하는 방법도 있다. 차량의 색상 번호와 같은 페인트를 구해 칠하자.

컴파운드를 천에 묻혀 쓰다듬듯이 닦는다. 도색이 벗겨졌다면 차량 색에 해당하는 순정 페인트를 구입하여 바른다. 색상 번호는 문이나 보닛 뒤편에 적혀 있는 경우도 있다. 각각의 제품은 자동차 용품점에서 구입하자.

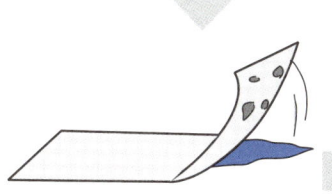 

마스킹테이프로 흠집 주변의 파편들을 제거한다. 이때 마스킹테이프의 접착력을 다소 떨어트린 후 사용하는 게 좋다.

도장의 접착력을 높이기 위해 부드럽고 탄성이 있는 붓으로 프라이머를 바른다(접착성 강화).

준비한 페인트를 잘 섞어 얇게 칠한다. 이때 도색과 건조를 여러 번 반복한다.

Q. 가끔 에어백이 터질까 봐 불안한데 어때요?

A. 일정 속도 이상이어야 하고 정면충돌해야 터지는 구조입니다.

에어백은 차량이 시속 20~30km 속도로 단단한 물체와 정면충돌하거나 이와 유사한 충격이 가해져야 작동합니다. 실수로 가볍게 부딪힌 정도로는 터지지 않으니 안심합시다.

하지만 사고 시 모든 상황에 작동하지는 않습니다. 예를 들어 트럭 밑으로 차가 들어가거나 대각선 방향으로 충돌했을 때는 작동하지 않습니다.

에어백이 장착된 위치

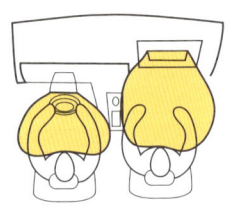

운전석용 에어백은 핸들 안에 내장되어 있고 조수석은 대시보드의 상단에 내장되어 있다. 부근에 다른 물건을 올려두지 말자.

사이드 에어백은 옆의 충격을 흡수한다. 대개 시트백 부분에 내장되어 있다. 따라서 전용 시트커버 이외에는 사용하지 않는 게 좋다.

에어백은 순간적으로 부풀어 오르고 바로 바람이 빠진다

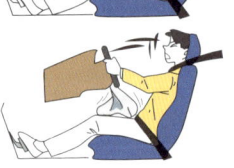

에어백이 터지면 바로 바람이 빠진다. 그리고 재사용은 할 수 없다.

사이드 에어백은 시트백에서 터져나오므로 문에 기대거나 시트를 껴안고 있으면 매우 위험하다.

누가 차를 장난으로 긁을까 봐 불안한데 어떡하죠?

 커버를 씌우는 것만으로도 효과가 큽니다.

특별한 이유 없이 차량을 긁거나 타이어에 펑크를 내는 사람들이 있습니다. 여러분의 차도 언제 이런 일을 당할지 모르니 귀찮더라도 스스로 대책을 강구하여 피해를 입지 않도록 주의합시다. 기본적으로 차량을 방치해서는 안 되고 정차 시 밝은 곳이나 주변에 사람들이 항상 있는 장소가 좋습니다. 그리고 시중에 판매하는 각종 도난 방지 용품(차량용 블랙박스 등)을 이용하도록 합시다.

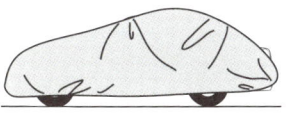

커버를 씌운다

커버를 씌우는 것만으로도 차량 보호에 효과적이다. 하지만 커버를 매번 씌우고 벗기는 일은 귀찮을 수밖에 없다.

차고에 셔터나 문짝을 설치한다

자택에 차고가 있다면 셔터나 문짝을 설치한다. 접근 시 경고음이 울리면 문짝을 설치하는 것만으로도 효과적이다. 셔터라면 더욱더 안심.

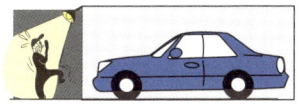

센서나 방범 카메라를 설치한다

움직임을 감지하면 불이 켜지는 센서를 설치해도 좋겠다. 방범 카메라도 효과적이다. 모조 카메라라도 없는 것보다는 낫다.

간단한 방범 용품으로 대응

접근이나 충격 등 차량 내 침입을 감지하면 경고음이 울리거나 리모콘으로 신호를 보내주는 장치도 시중에 판매하고 있다.

 **교차로에서 긴급차량이 접근해온다면 어떻게 해야 하나요?**

 교차로에서는 멈추지 말아야 합니다.

구급차나 소방차, 경찰차 등 긴급차량에는 진로를 양보해야 합니다. 하지만 사이렌을 울리지 않는다면 긴급차량이 아니므로 양보할 이유는 없습니다.

긴급차량을 교차로에서 만나거나 정체 중인 도로에 서 있는데 뒤에서 긴급차량이 다가온다면 어떻게 해야 할까요? 자신의 차가 교차로 내에 있다면 앞으로 진행하여 길가로 이동합니다. 교차로 진입 전이라도 뒤의 구급차가 좀처럼 앞으로 진행하지 못하는 상황이라면 교차로를 지나서 길가로 붙는 편이 좋을 수도 있습니다. 물론 녹색 신호인 경우입니다. '긴급차량이 접근하면 오른쪽으로 붙는다'는 말이 반드시 통용되지는 않으니 그때그때 상황에 따라 대처합시다.

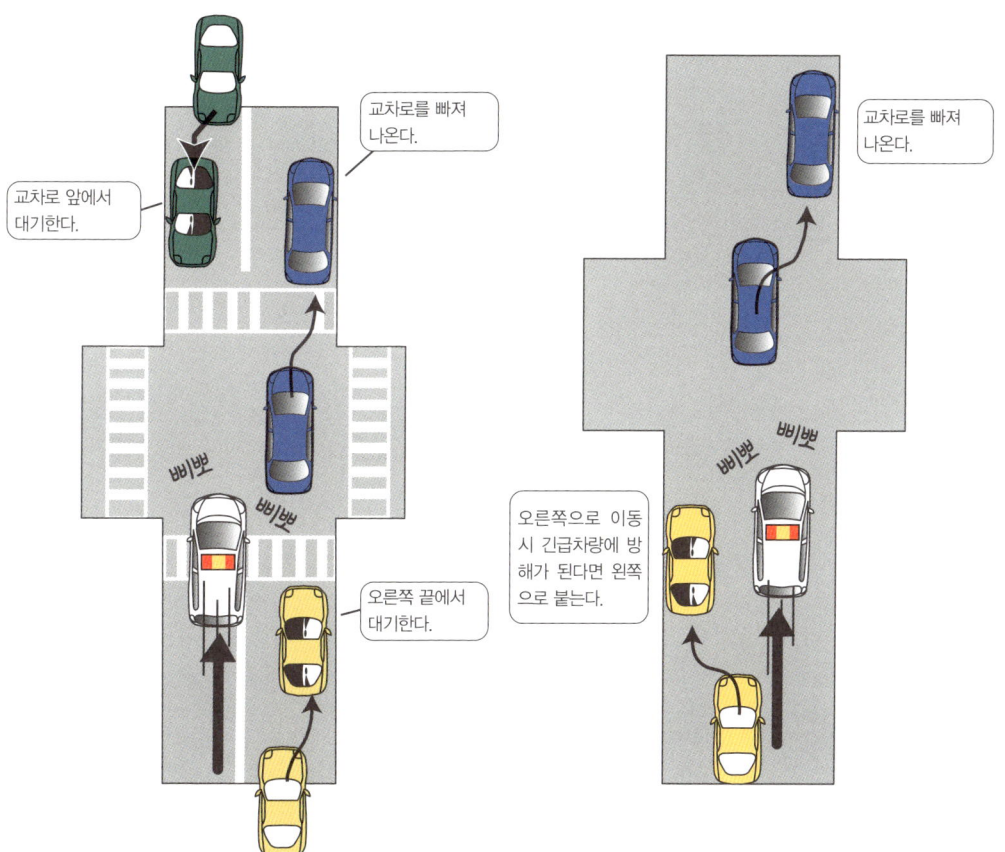

교차로에서는 정차하지 말고 진입하기 전이나 빠져나온 후에 오른쪽 끝으로 이동하여 멈춘다.

일방 통행이나 2차로 이상의 도로에서는 왼쪽으로 붙는 게 좋다고도 한다. 정체 시에는 주변 차량의 움직임도 주시하며 조금씩 움직인다.

> **Q. 비상등은 언제 사용하나요?**

A **비상 정지를 알릴 때 사용합니다.
마음대로 사용하지 맙시다.**

비상등의 원래 목적은 위급한 상황을 다른 운전자에게 알리기 위함이지만 최근 여러 가지 의미로 남용되고 있습니다.

예를 들어 택시가 길가로 차를 댈 때 비상등을 많이 사용하는데 이때는 방향 지시등이 맞습니다. 그리고 그다지 큰 문제를 일으키지는 않지만 뒤 차량에 감사의 표시로 사용하는 사람이 늘고 있습니다. 하지만 비상등은 위급한 상황을 알리는 표시입니다. 올바른 사용법을 지키지 않으면 운전자끼리 오해해서 사고가 날 수도 있습니다.

이렇게 여러 가지 의미로 사용하고 있음을 인지하고 있어야 합니다. 하지만 여러분은 최소한의 범위 내에서 활용하도록 합시다.

정체 시
주로 고속도로에서 정체 중이라고 알림

고장 차
사고나 고장으로 인해 정차 중이라고 알림

견인 시
고장 차량을 견인 중이라고 알림

정차 중, 정차 예정, 평행 주차 준비
짧은 시간 정차하거나 평행 주차를 준비 중임을 알림. 정차 예정이라는 의미로는 사용하지 말자.

감사의 표시로 사용하는 사람도 있다
차로 변경 시 양보 받았을 때 감사의 표시로 쓴다. 오해할 수 있으니 가급적 조심한다.

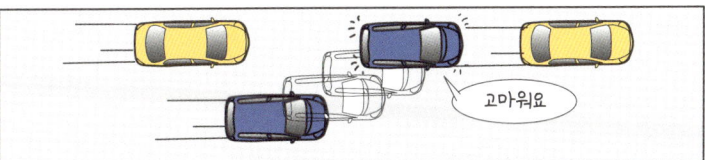

 **좌회전 대기 중에 마주 오는 차량이 헤드라이트를 켰는데 계속 진행해도 되나요?**

 '오지 마'라는 의미도 있으니 주의해야 합니다.

헤드라이트를 이용한 신호를 공식적으로 인정하지는 않습니다. 상대 차량의 라이트가 꺼졌음을 알리거나 다른 차에 주의를 바라는 의미로 사용합니다만 문제는 사람에 따라 비상등처럼 받아들이는 의미가 다를 수 있다는 점입니다. 예를 들어 좌회전 대기 차량에게 '먼저 가세요'와 '오지 마시오'라는 전혀 상반된 의미로 해석될 수 있어 극히 위험한 행동입니다. 또한 위협하는 의미로도 사용되고 있어 잘못하면 시비를 일으킬 수도 있습니다. 가능하면 손짓 신호도 함께 사용하여 오해가 없도록 해야겠습니다.

상대가 감속 또는 정차 → '먼저 가세요'
상대가 감속 또는 현상 유지 → '방해 마시오'

'라이트 끄는 걸 잊었나?'
'속도위반 단속 중이니 조심해요'

1 교차로 좌회전 대기 시

정반대의 의미로 사용하여 사고의 원인이 된 사례. 좌회전 차는 상대의 얼굴이나 감속 상태를 보고 판단할 수밖에 없다. 모르겠다면 진행하지 않는다. 이럴 때는 헤드라이트로 신호를 보내지 말자.

2 교차 진행 시

마주 오는 차량들 중에 헤드라이트를 켠 차량이 있다면 끄는 걸 잊었거나 경찰이 속도위반 단속을 하고 있음을 알려주는 신호일 가능성이 있다.

'비켜요'
'조심해!'

3 뒤따르는 차량

뒤따르는 차량이 헤드라이트를 켠다면 대개 요구 사항이 있다는 뜻이거나 위협이다. 상대가 매너 없는 운전을 했을 때 이런 반응을 보이는 경우가 많다. 하지만 가능한 한 사용하지 말자.

양보 운전을 위해 헤드라이트를 끄기도 한다

도로를 양보할 때는 수신호가 가장 확실하지만 밤에는 보이지 않는다. 헤드라이트 신호를 착각해서 발생하는 사고도 많아지고 있어 요즘에는 양보를 의미하는 신호로 헤드라이트를 끄기도 한다. 하지만 공식적인 신호는 아니다.

❖ 신호를 보낸 차량에게 양보할 의사가 있더라도 다른 차량이 직진할 가능성도 있으므로 주의합시다.

자동차 종류가 많은데 각각의 특징을 알려주세요.

 분류법은 물론이고 부르는 법도 제각기 다릅니다.

자동차 분류법은 다양하지만 주로 다음과 같이 분류합니다.

① 배기량에 따른 분류
② 번호판에 따른 분류
③ 구동 방식에 따른 분류
④ 외관에 따른 분류

먼저 ①의 배기량이란 '엔진 내부의 연소 크기'를 말합니다. 이 수치가 클수록 출력이 높습니다. 대략적으로 분류해보면 '경차'(1,000cc 미만) '소형차'(1,600cc 미만) '중형차' (1,600cc 이상 2,000cc 이하) '대형차'(2,000cc 이상)라고 할 수 있습니다. 배기량 차이에 따라 매년 납부하는 자동차세도 달라집니다(192쪽 참조). ②는 번호판에 있는 차종 기호로 차를 분류 합니다. 10에서 69는 승용차, 70에서 79는 승합차, 80에서 97은 화물차, 98에서 99는 특수차입니다.

③은 17쪽을 참조해주세요. 그리고 ④는 191쪽에서 설명하겠지만 반드시 일관되지는 않습니다.

SUV

'Sport Utility Vehicle'의 약자. 4WD이면서 외관과 내장이 모두 스타일리시하다. 본격적인 오프로드용은 아니며 도심에서도 위화감 없이 주행할 수 있다.

쿠페

2도어의 스포츠 타입이다. 바람의 저항을 줄이기 위해 대개 유선형 디자인이다. 2인승과 4인승이 있는데 4인승의 뒷좌석은 차종에 따라 약간 좁다.

카브리올레

천장이 개폐되는 타입이다. '오픈카' 또는 '컨버터블'이라고도 한다. 천장 개폐는 수동과 자동으로 나눌 수 있고 소프트 톱과 하드 톱이 있다.

픽업

보닛 타입의 트럭으로 상업용의 가벼운 트럭과는 다르다. 오프로드용 오토바이나 제트스키 등을 적재할 수도 있다. 2인승과 4인승이 있는데 4인승은 더블 픽업이라고도 한다.

세단

가장 전통적인 외관이다. 좌석, 트렁크, 엔진룸이 각각 독립적인 구조로 승하차나 물건을 실을 때 편리하다. 크기에 비해 내부 공간이 좁은 편이다.

해치백

넓은 내부 공간을 확보하기 위해 트렁크와 뒷좌석의 구분을 없앤 타입이다. 승차와 적재를 세단처럼 할 수 있다. 실내 공간을 최대한 확보하기 위해 차량의 앞뒤 부분이 짧다.

스테이션 왜건

물건을 많이 적재할 수 있고 승차감이나 엔진 성능도 우수하다. 시트를 젖히면 보다 넓은 적재 공간을 확보할 수 있고 다리를 펴고 누울 수도 있다. 차고가 낮아 입체 주차장도 안심이다.

원박스카

미국에서는 미니밴이라고 한다. 뒷좌석은 회전식이거나 펼칠 수 있어 가족 여행에 편리하다. 최근에는 승차감이 좋고 성능이나 안전성도 개선되어 '승용차' 개념으로 타는 사람도 늘고 있다.

 **자동차 세금을 알려주세요.**

 배기량과 연식에 따라 세금이 달라집니다.

자동차세는 자동차를 소유한 사람이나 법인이 부과 대상입니다. 그리고 지방자치단체에 납부하는 지방세이기도 합니다. 6월과 12월에 납부하지만 경차는 6월에 1년 치를 전부 납부합니다. 세액이 10만 원 미만이기 때문인데, 화물 자동차와 영업용 차량도 자동차세를 한 번에 납부합니다.

연납 제도라는 것이 있습니다. 세금을 한 번에 미리 내면 할인 혜택을 주는 제도로, 1월에 자동차세를 내면 최고 10%를 할인해줍니다. 3월, 6월, 9월에 연납을 할 수도 있습니다만 1월보다는 할인 혜택이 줄어듭니다(이 제도가 폐지될 예정이라고 하지만 2016년 7월 기준으로 아직 실행 중이다).

승용차와 소형 승합차는 배기량이 세금 부과 기준이며 자동차의 종류(승용, 승합, 화물, 특수)와 용도(자가용, 영업용)에 따라 세액 부과 기준이 달라집니다. 다음 193쪽에 정리한 표를 이용하면 자신이 내야 할 대략적인 세액을 알 수 있습니다. 여기에 지방교육세를 더하면 실제로 납부하는 자동차세가 됩니다. 자동차세에 대한 자세한 사항은 위택스(www.wetax.go.kr)에서 확인할 수 있습니다.

차량의 배기량과 연식에 따른 세금

구분	1~2년 100%	3년 95%	4년 90%	5년 85%	6년 80%
800cc	83,000	78,850	74,700	70,500	66,400
1,000cc	130,000	123,500	117,000	110,500	104,000
1,300cc	236,600	224,770	212,940	201,110	189,280
1,500cc	273,000	259,350	245,700	232,050	218,400
1,800cc	468,000	444,600	421,200	397,800	374,400
2,000cc	520,000	494,000	468,000	442,000	416,000
2,200cc	629,200	597,740	566,280	534,820	503,360
2,500cc	715,000	679,250	643,500	607,750	572,000
2,800cc	800,800	780,760	720,720	680,680	640,840
2,900cc	829,400	787,930	746,460	704,990	663,520
3,000cc	858,000	815,100	772,200	729,300	886,400
3,200cc	915,200	869,440	823,680	777,920	732,160
3,500cc	1,001,000	950,950	900,900	850,850	800,800
4,000cc	1,144,000	1,086,800	1,029,600	972,400	915,200
4,500cc	1,287,000	1,222,650	1,158,300	1,093,950	1,029,600
5,000cc	1,460,000	1,387,000	1,314,000	1,241,000	1,168,000
1톤 화물(밴)	28,500	27,075	25,650	24,225	22,000
2.5톤 화물	48,000	45,600	43,200	40,800	38,400
5톤 화물	79,500	75,525	71,550	67,575	63,600
10톤 화물	157,500	149,625	141,750	133,875	126,000
소형 승합	65,000	61,750	58,500	55,250	52,000
중형 버스	115,000	109,250	103,500	97,750	92,000

구분	7년 75%	8년 70%	9년 65%	10년 60%	11년 55%	12년 50%
800cc	62,250	58,100	53,950	49,850	45,650	41,500
1,000cc	97,500	91,000	84,500	78,000	71,500	65,000
1,300cc	177,450	165,620	153,790	141,960	130,130	118,300
1,500cc	204,750	191,100	177,450	163,800	150,150	136,500
1,800cc	351,000	327,600	304,200	280,800	257,400	234,000
2,000cc	390,000	364,000	338,000	312,000	286,000	260,000
2,200cc	471,900	440,440	408,980	377,450	346,060	314,600
2,500cc	536,250	500,500	464,750	429,000	393,250	357,500
2,800cc	600,600	560,560	520,520	480,480	440,440	400,400
2,900cc	622,050	580,580	539,110	497,640	458,170	414,700
3,000cc	643,500	600,600	557,700	514,800	471,900	429,000
3,200cc	686,400	640,640	594,880	549,120	503,360	457,600
3,500cc	750,750	700,700	650,650	600,600	550,550	500,500
4,000cc	858,000	800,800	743,600	686,400	629,200	572,000
4,500cc	965,250	900,900	836,550	772,200	707,850	643,500
5,000cc	1,095,000	1,022,000	949,000	876,000	803,000	730,000
1톤 화물(밴)	21,375	19,950	18,525	17,100	15,675	14,250
2.5톤 화물	36,000	33,600	31,200	28,800	26,400	24,000
5톤 화물	59,625	55,650	51,675	47,700	43,725	39,750
10톤 화물	118,125	110,250	102,375	94,500	86,621	78,750
소형 승합	48,750	45,500	42,250	39,000	35,750	32,500
중형 버스	86,250	80,500	74,750	69,000	63,250	57,500

❖ 자동차 세금은 연동될 수 있으니 위 표는 참고용으로만 활용한다.

자동차 검사는 반드시 받아야 하나요?

 2년마다 받아야 하는 법적 의무가 있습니다.

여기서 말하는 자동차 검사란 정확하게는 자동차 정기 검사를 말하는 것으로 비사업용 승용자동차는 최초 등록일로부터(신차 기준) 4년째 되는 해에 받아야 하고, 그 이후에는 2년마다 한 번씩 받을 의무가 있습니다.

운행 중인 자동차의 안전도 적합 여부와 배출가스 허용 기준 여부 등을 자동차 정기 검사로 확인합니다. 자동차 정기 검사의 목적은 국민 생명 보호, 대기 환경 개선, 재산권 보호, 운행 질서 확립 등입니다.

자동차 정기 검사와 종합 검사는 대개 교통안전공단이나 지방자치단체에서 지정한 검사소에서 이루어집니다. 수수료는 업체에 따라서 조금씩 다를 수 있습니다.

교통안전공단 자동차 검사 수수료

		경형	소형	중형	대형
정기 검사		17,000원	23,000원	26,500원	29,000원
종합 검사	부하	48,000원	54,000원	56,000원	65,000원
	무부하	34,000원	39,000원	45,000원	49,000원
	배출 면제	15,000원	20,000원	24,000원	26,000원

Q. 자동차 보험의 종류가 너무 많아서 잘 모르겠어요.

A 책임 보험과 종합 보험의 차이를 먼저 이해합니다.

자동차 보험에는 책임 보험과 종합 보험이 있습니다. 책임 보험은 사고가 발생했을 때 피해자를 보호할 가장 최소한의 구제 수단입니다. 자동차를 구매하거나 소유한 사람은 무조건 가입해야 하는 의무가 있습니다. 대인배상 I과 대물배상으로 구성되어 있으며 각각의 보장 범위는 1억 원, 2천만 원입니다.

종합 보험은 운전자가 필요에 따라 선택해 가입하는 보험으로 의무 사항은 아닙니다. 하지만 자신의 상황과 여건에 맞게 가입하는 게 보통입니다. 대인배상 II와 대물배상, 자기신체사고, 자기차량손해, 자동차상해, 무보험자동차상해 등이 있습니다.

책임 보험의 종류

	보장 내용	보장 범위
대인배상 I	자동차손해배상보장법에 의해 의무적으로 가입하는 보험이다. 자동차사고로 다른 사람이 사망하거나 다친 경우에 보상을 해준다.	사망은 2,000만~1억 원, 부상은 80만~2,000만 원, 후유장애는 630만~1억 원
대물배상	자동차 사고로 다른 사람의 차량이나 재물을 파손한 경우에 그 비용을 보상해준다.	피해자 1인당 보상 한도 1천만 원

종합 보험의 종류

	보장 내용	보장 범위
대인배상 II	자동차 사고로 다른 사람을 죽게 하거나 다치게 한 경우 대인배상 I 담보에서 보상하는 금액의 초과되는 손해를 보상해주는 보험. 보상 한도를 무한으로 가입하면 교통사고처리특례법에 의한 형사처분면제의 혜택을 받을 수 있음.	피해자 1인당 보상 한도 (5,000만 원 / 1억 원 / 2억 원 / 3억 원 / 무한)
대물배상	자동차 사고로 다른 사람의 차량이나 재물을 파손한 경우에 그 비용을 보상해준다. 보상 한도를 2천만 원 이상으로 하면 교통사고처리특례법에 의한 형사처분면제 혜택을 받을 수 있다.	피해자 1인당 보상한도 (2,000만 원 / 3,000만 원 / 5,000만 원 / 1억원)
자기신체사고	자동차 사고로 본인 및 가족이 다친 경우에 보상하는 보험	사망(1,500만 원/3,000만 원/5,000만 원/1억 원)
		부상(1,500만 원)
		후유장애(1,500만 원/3,000만 원/5,000만 원/1억 원)
무보험차상해	뺑소니 및 무보험 차량에 의해서 다친 경우 본인은 물론 부모, 배우자, 자녀까지 보상하는 보험. 또 다른 자동차를 운전하던 중 생긴 사고를 대인배상 II, 대물배상, 자기신체사고의 규정에 따라 보상해준다(이들 보험과 함께 가입한다).	피해자 1인당 보상 한도(2억 원)
자기차량손해	자동차 사고(충돌, 접촉, 추락, 전복, 차량침수, 화재, 폭발, 낙뢰, 날아오는 물체, 떨어지는 물체, 차량 도난)로 본인의 자동차에 생긴 손해를 보상하는 보험. 손해액과 처리 비용을 합한 금액에서 자기 부담금을 제외하고 보상한다.	자기 부담금은 자동차 수리 비용의 20%로 최저 5만 원에서 최고 50만 원이다.

> **Q 종합 보험 종류가 많은데 저렴한 상품에 가입하면 무슨 문제라도 있나요?**

A 종류별로 서비스 내용이 다양하기 때문에 필요에 따라 선택합시다.

보험은 원래 초보자가 파악하기에는 어려운 내용들이 많지만 1998년 자동차보험 완전 자율화 이후 더욱더 복잡해졌습니다. 좋게 말하면 다양해졌지만 고객 입장에서는 그만큼 알아야 할 내용도 많아졌다는 의미입니다.

그리고 보험료가 저렴한 대신에 보상액이 적거나 지불 조건이 까다로운 경우도 많습니다. 또 서비스 내용은 유사하더라도 지원 규모의 차이에 따라 긴급할 때 필요한 지원 차량의 투입 시간이 다른 경우도 많습니다. 요즘은 인터넷에 보험 비교 사이트가 많습니다. 여러 보험 회사의 서비스를 쉽게 비교할 수 있으니 참고하도록 합니다. 보험은 많은 정보를 모아 면밀히 검토해서 가입하도록 합니다.

자동차 보험 비교

	A사	B사	C사	D사
지원 규모				
지점 수	30	200	비공개	5000
직원 수(명)	150	비공개	비공개	2,000
대리점 수(점포)	500	2,000	비공개	30,000
서비스 내용				
견인 서비스	10km까지 무료	일부 고객 부담	50km까지 무료	35km까지 무료 (보험 종류에 따라 다름)
긴급 수리 서비스	무료	X	무료	일부 고객 부담
자택 긴급 수리 서비스	X	X	무료	일부 고객 부담
사고 시 숙박, 운반 서비스	무료	일부 고객 부담	무료	보험으로 보상
휘발유 보급 서비스	X	X	10L까지 무료	일부 고객 부담
사고 접수 시간				
24시간 전화 접수	O	O	O	O
휴대전화 프리다이얼	O	O	O	O
휴일 사고 처리	X	X	O(단, 지역 한정)	O
휴일 사고 긴급 상담	X	X	X	O

❖ 상기 표의 내용은 임의로 만들어진 것이며 특정 보험 회사의 상품은 아니다.

 **벌점의 종류와
가산된 벌점을 줄이는 방법은 뭔가요?**

A 벌점이 40점 미만이라면
1년간 무위반, 무사고일 때 벌점이 소멸합니다.

몇 번 교통법규를 위반하다 보면 지금 벌점이 몇 점인지 헷갈릴 때가 있습니다. 다음 201쪽에 벌점이 소멸되거나 공제되는 경우를 정리해두었으니 참고합니다. 정확한 자신의 벌점을 알고 싶다면 경찰청 이파인(www.efine.go.kr)에서 빠르게 조회할 수 있습니다. 이때 반드시 본인의 공인 인증서가 필요합니다.

면허 정지와 면허 취소의 차이

면허 정지	면허 취소
일정 기간 동안 면허 효력이 정지됨	면허가 취소됨. 면허가 필요하다면 다시 취득해야 함
벌점 1점에 1일 정지	결격 기간이 경과되면 재취득할 수 있음
벌점 40점 이상일 때 정지 처분	누산 점수가 1년간 121점 이상, 2년간 201점 이상, 3년간 271점 이상이면 면허 취소

벌점이 경감되는 경우

벌점 소멸	처분 벌점이 40점 미만일 때 1년간 무위반, 무사고이면 벌점 소멸
벌점 공제	교통사고를 일으킨 도주 차량을 검거하나 신고한 경우에 면허 정지나 취소 처분을 받으면 40점 특혜
정지 처분 집행 일수 감경	처분 벌점이 40점 미만인 사람이 교통법규 교육이나 소양 교육을 마치면 20점 감경
	면허 정지 처분을 받은 사람이 교통 소양 교육을 마치면 정지 처분 기간에서 20일 감경
	교통 소양 교육을 마친 후 교통 참여 교육을 받으면 30일 추가 감경
	모범 운전자(교통안전 봉사활동 참가자)는 2분의 1로 감경

주요 교통 위반 범칙금

범칙 행위	승합	승용
• 속도위반 (60km/h 초과)	13만 원	12만 원
• 어린이 통학버스 운전자 및 운영자의 의무 위반		
• 속도위반 (40km/h 초과)	10만 원	9만 원
• 승객의 차내 소란 행위 방치 운전		
• 어린이통학버스 특별 보호 위반		
• 신호 지시 위반	7만 원	6만 원
• 중앙선 침범·통행 구분 위반		
• 속도위반 (20km/h 초과 40km/h 이하)		
• 횡단·유턴·후진 위반		
• 앞지르기 방법·시기·금지 장소 위반		
• 철길 건널목 통과 방법 위반		
• 횡단보도 보행자 횡단 방해		
• 보행자 전용도로 통행 위반		
• 긴급자동차에 대한 양보·일시 정지 위반		
• 승차 인원 초과, 승객 또는 승하차자 추락 방지 조치 위반		
• 어린이·앞 못 보는 사람 등의 보호 위반		
• 운전 중 휴대전화 사용		
• 운전 중 영상 장치 시청 또는 조작 위반		
• 운행 기록계 미설치 차량 운전 금지 위반		
• 고속도로·전용도로, 갓길 통행 또는 버스·다인승 전용차로 통행 위반		
• 일반 도로 전용차로 통행 위반	5만 원	4만 원
• 고속도로·자동차 전용도로 안전거리 확보		
• 앞지르기의 방해 금지 위반		
• 교차로 통행 방법 위반		

범칙 행위		승합	승용
• 교차로에서의 양보 운전 위반		5만 원	4만 원
• 보행자 통행 방해 또는 보호 불이행			
• 정차·주차 금지 위반			
• 적재 제한 위반·적재물 추락 방지 위반 또는 유아나 동물을 안고 안전하는 행위			
• 도로에서의 시비·다툼 등으로 차마의 통행 방해 행위			
• 어린이 통학버스 특별 보호 위반			
• 고속도로 지정차로 통행 위반			
• 고속도로, 자동차 전용도로 횡단·유턴·후진 위반			
• 속도위반(20km/h 이하)		3만 원	3만 원
• 일시 정지 위반, 끼어들기 금지 위반			
• 좌석 안전띠 미착용			
• 이륜자동차, 원동기장치자전거 인명보호장구 미착용			
• 일반 도로 안전거리 미확보		2만 원	2만 원
• 불법부착장치차 운전			
• 특별한 교통안전교육 미필			
	1. 주취 운전 1회 이상 한 자가 다시 주취 운전을 한 경우	6만 원	
	2. 그 외 경우	4만 원	
• 돌·유리병·쇳조각 등 물건을 던지거나 발사하는 행위		5만 원	
• 도로를 통행하고 있는 차마에서 밖으로 물건을 던지는 행위			

면허를 잃어버렸는데 어떻게 해야 하나요?

A 유효 기간이 남아 있다면
간단한 절차로 재발급을 받을 수 있습니다.

면허증을 분실하거나 도난당했다면 신분증명서로 악용될 수 있으므로 곧바로 경찰서에 신고합시다. 그리고 운전면허시험장이나 경찰서 민원실을 방문해 재발급 신청을 합니다. 면허증이 훼손된 경우도 마찬가지로 재발급 신청을 합니다.

운전면허를 발급하는 기관은 도로교통공단입니다. 만약 공인 인증서가 있다면 도로교통공단 운전면허 서비스(http://dl.koroad.or.kr)로 접속해서 재발급을 신청할 수 있습니다. 재발급된 면허증은 신분증을 지참한 후 방문 수령하면 됩니다.

운전면허증 재발급에 필요한 구비 서류와 수수료

1. 구비 서류 및 준비물

• 본인 신분증	주민등록증, 여권, 국가기술자격증, 복지카드(장애인카드), 외국인등록증 등
• 수수료	7,500원
• 사진 1매(3×4cm)	경찰서 방문 시에만 필요

2. 운전면허증 재발급 신청 기관

- 관할 경찰서 민원실
- 운전면허시험장
- 도로교통공단 운전면허 서비스 사이트

3. 운전면허증 재발급 방법

- 관할 경찰서를 방문해 면허증 재발급 신고를 하면 14일 이내에 받아볼 수 있다.
- 운전면허시험장을 방문해 재발급 신청을 하면 즉석에서 재발급해준다.
- 도로교통공단 사이트에서 운영 중인 운전면허 서비스로 접속해 면허증 재발급을 신청한다. 본인의 공인 인증서가 반드시 있어야 하며 이때 면허증을 수령할 경찰서나 운전면허시험장을 지정해야 한다.

❖ 대리 신청이 가능하다. 단, 대리자는 신청자의 주민등록증과 본인의 신분증을 모두 지참하여야 하며, 위임자의 위임장을 첨부하여야 한다.
❖ 재교부 신청 후 임시운전면허증으로 20일간 운전이 가능하다(경찰서 접수 시).

지적생활자를 위한 교과서
Knowledge, Intelligence and Life

기상 예측 교과서
후루카와 다케히코 외 지음
272면 | 14,800원

권총의 과학
가노 요시노리 지음
240면 | 18,500원

총의 과학
가노 요시노리 지음
236면 | 16,800원

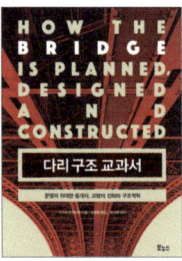
다리 구조 교과서
시오이 유키타케 지음
240면 | 13,800원

로드바이크 진화론
나카자와 다카시 지음
232면 | 15,800원

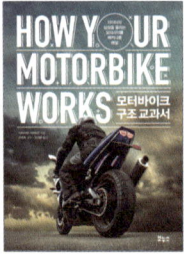
모터바이크 구조 교과서
이치카와 가쓰히코 지음
216면 | 13,800원

비행기 구조 교과서
나카무라 간지 지음
232면 | 13,800원

비행기 엔진 교과서
나카무라 간지 지음
232면 | 13,800원

비행기 역학 교과서
고바야시 아키오 지음
256면 | 14,800원

비행기 조종 교과서
나카무라 간지 지음
232면 | 13,800원

비행기, 하마터면 그냥 탈 뻔했어
아라완 위파 지음
256면 | 13,000원

선박 구조 교과서
이케다 요시호 지음
224면 | 14,800원

악기 구조 교과서
야나기다 마스조 외 지음
228면 | 15,800원

자동차 구조 교과서
아오야마 모토오 지음
224면 | 13,800원

자동차 에코기술 교과서
다카네 히데유키 지음
200면 | 13,800원

자동차 운전 교과서
가와사키 준코 지음
208면 | 13,800원

자동차 정비 교과서
와키모리 히로시 지음
216면 | 13,800원

자동차 첨단기술 교과서
다카네 히데유키 지음
208면 | 13,800원

전기차 첨단기술 교과서
톰 덴튼 지음
384면 | 23,000원

농촌생활 교과서
성미당출판 지음
272면 | 16,800원

매듭 교과서
니혼분게이샤 지음
224면 | 9,800원

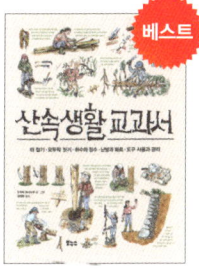
산속생활 교과서
오우치 마사노부 지음
224면 | 15,800원

집수리 셀프 교과서
맷 웨버 지음
240면 | 18,000원

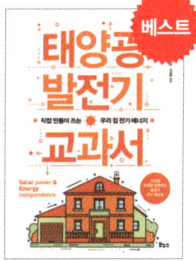
태양광 발전기 교과서
나카무라 마사히로 지음
184면 | 13,800원

TI 수영 교과서
테리 래플린 지음
208면 | 13,800원

당구 300 교과서
안드레 에플러 지음
352면 | 15,800원

배드민턴 교과서
오호리 히토시 지음
168면 | 12,000원

클라이밍 교과서
ROCK & SNOW 편집부 지음
144면 | 13,800원

감수(일본어판) 지카타 시게루

니혼 대학 법학부를 졸업한 후 (주)산에이쇼보에 입사하여 모터라이더 잡지의 창간 멤버로 참여했다. 동 잡지의 편집장으로 5년간 재임한 후 프리랜서로 활동 중이다. 폭넓은 시각과 지식을 바탕으로 베테랑 작가다운 매끄러운 글솜씨를 발휘해 전문지부터 일반잡지까지 다양한 분야에서 집필 활동을 이어가고 있다. 저서로는 《캠핑카 라이프 입문》《오토바이 라이프》 등 다수가 있다.

옮긴이 신찬

국어국문학과 일본 지역학을 전공했다. 한·일간의 대중 문화 콘텐츠 비즈니스를 오랫동안 체험하면서 번역의 중요성과 그 매력을 깨닫게 되었다고 한다. 현재 번역 에이전시 엔터스코리아에서 출판 기획 및 일본어 전문 번역가로 활동 중이다. 역서로는 《읽지 않으면 후회하는 성공을 부르는 5가지 작은 습관》《어라 수학이 이렇게 재미있었나》《생명의 신비를 푸는 게놈》《무인양품은 왜 싸지도 않은데 잘 팔리는가》 등 다수가 있다.

자동차 운전 교과서
도로에서 절대 기죽지 않는 초보 운전자를 위한 안전·방어 운전술

1판 1쇄 펴낸 날 2016년 9월 20일
1판 5쇄 펴낸 날 2022년 7월 15일

지은이 | 가와사키 준코
그린이 | 고조 루미코
옮긴이 | 신찬
감　수 | 주재홍, 하성수

펴낸이 | 박윤태
펴낸곳 | 보누스
등　록 | 2001년 8월 17일 제313-2002-179호
주　소 | 서울시 마포구 동교로12안길 31 보누스 4층
전　화 | 02-333-3114
팩　스 | 02-3143-3254
이메일 | bonus@bonusbook.co.kr

ISBN 978-89-6494-271-0　13550

• 책값은 뒤표지에 있습니다.